L'ART

DU FILATEUR DE COTON.

IMPRIMERIE DE MADAME JEUNEHOMME-CRÉMIÈRE,
RUE HAUTEFEUILLE, Nº 20.

L'ART

DU FILATEUR DE COTON,

Par F. VAUTIER, Filateur.

Ouvrage dans lequel on expose tout ce qui est relatif à cet art;

AVEC DIX PLANCHES.

PARIS,

AUDIN, Libraire, quai des Augustins, n° 25.

1821.

MONSIEUR LE DUC

DE LAROCHEFOUCAULD-LIANCOURT,

Fondateur de l'Ecole des Arts à Liancourt, président du conseil d'administration du conservatoire des arts et métiers, vice - président de la société d'enseignement mutuel, etc.

Monsieur le Duc,

L'art de la Filature manquait à la collection des Arts et Métiers; j'ai entrepris de remplir cette lacune. Daignez en agréer l'hommage. Créateur d'établissemens utiles, protecteur éclairé de l'industrie nationale, ce livre devait naturellement paraître sous vos auspices. Je m'estime

heureux, Monsieur le Duc, de ce que vous m'a-
vez accordé cette grâce ; je n'ai rien négligé pour
le rendre digne du public éclairé et surtout de
mon illustre Mécène,

Je suis avec respect,

Monsieur le Duc,

Votre très-humble et très-
obéissant serviteur.

F. VAUTIER.

PRÉFACE.

La filature de coton a fait de si rapides progrès, en France, depuis quelques années que j'ai toujours été surpris que parmi les personnes instruites qui sont à la tête de grands établissemens, il ne s'en présentât aucune qui offrit au public le résultat de ses travaux et de ses découvertes.

Tout est le fruit du temps et de l'expérience ; les Anglais, nos maîtres, ont opéré dans la filature cette révolution salutaire qui a fait adopter les nouvelles machines et abandonner les anciennes. L'art a été transporté chez nous, et le Français, toujours industrieux, a corrigé les nouvelles machines, et les a perfectionnées en les simplifiant. La filature a pris chez nous un tel degré de supériorité, qu'après avoir égalé nos voisins, après avoir été leurs rivaux, nous les surpassons maintenant dans plusieurs parties.

Par quelle fatalité les procédés employés dans la fabrique de coton, branche si importante dans le commerce, n'ont-il pas encore été décrits? la filature manque d'un code, tandis que plusieurs autres arts, bien moins intéressans ont le leur. On en pourrait trouver la raison dans l'isolement dans lequel vivent les filateurs. Ils sont généralement persuadés qu'ils possèdent des procédés particuliers; en conséquence ils se cachent de leurs confrères et s'évitent mutuellement.

Au sortir de mes études, j'entrai dans la construction des machines, puis ensuite dans la filature. Je fus employé en qualité de contre-maître et de chef d'atelier dans plusieurs établissemens considérables en France. Je mettais en écrit mes remarques sur le travail de la journée ; et je cherchais à me rendre compte de ce que j'avais observé. Je dessinais tous les objets nouveaux qui

fixaient mon attention et qui me sem-
blaient devoir présenter quelque intérêt.
Mes notes et mes observations augmen-
tèrent à un tel point, que je fus obligé
de les mettre en ordre et de les trans-
crire pour en former un corps de doc-
trine. J'étois bien loin de soupçonner
que je les publierais un jour. J'avais
communiqué ce travail à plusieurs de
mes confrères, qui avoient eu la bonté
de me consulter et de prendre mes avis.
Ils m'engagèrent à le revoir, à le mettre
dans un meilleur ordre, et à le faire
paraître, en m'assurant que je rendrais
un véritable service aux filateurs et à
l'art. J'hésitai long-temps, et je ne me
rendis à leur instances qu'après avoir
mûrement réfléchi sur la marche que je
devais prendre.

Voulant donner un livre digne d'être
présenté au public, j'étudiai tous les
auteurs qui avaient traité du coton et de
la filature. L'Encyclopédie méthodique
ne fournit aucun renseignement, de
même que le savant ouvrage de l'infor-

tuné Roland de la Platière. L'Encyclopédie anglaise fait assez bien connaître
les progrès de l'art jusqu'à l'année 1808.
On m'a communiqué des mémoires
manuscrits, qui m'ont été d'un faible secours ; ils sont dus à un jeune homme
mort, il y a quelques années, à la fleur
de l'âge. Ces mémoires, écrits sans pré-
tention, attestent que l'auteur connais-
sait assez bien les opérations de la
carderie, et nullement celles de la filature. J'ai vainement cherché chez les
voyageurs dans l'Inde, dans l'Orient,
dans les Antilles quelques détails sur le
coton, sa culture et sa fabrication. Au
silence des auteurs, on jurerait qu'ils se
sont donné le mot pour n'en pas parler.

J'ai peu profité des ouvrages de
MM. Quatremère-Disjonval et de Lasteyrie ; le premier est trop systéma-
tique, et le second n'offre que la nomenclature des différentes espèces de cotonniers, de leur culture et de leurs signes
particuliers.

Considérant que je perdrais un temps

précieux en recherches, considérant aussi que personne n'avait tracé la route que je devais suivre, je m'armai de courage et me mis au travail. Je comptais sur les bons avis de mes confrères auxquels j'avais fait un appel, malheureusement il ne m'en est parvenu aucun. MM. Charles Albert, Saulnier, Laborde, Martinis, Andelle, Begue, Marcus, ont droit à mes remercîmens par la manière généreuse avec laquelle ils m'ont communiqué les renseignemens dont j'avais besoin. Enfin un de mes amis, connu par plusieurs succès mérités, a bien voulu revoir mon ouvrage sous le rapport littéraire.

Si j'ai apporté quelques changemens dans la marche de mon livre, c'est d'après l'avis de plusieurs personnes que j'ai consultées. Au surplus ces changemens qui sont très-légers donnent plus de rapidité, et l'ouvrage a beaucoup plus d'ordre.

J'ai pensé que des recherches sur l'historique, sur l'apport et la fabrique des cotons ne seraient point déplacées dans cet ouvrage; il en est de même pour les détails sur l'histoire naturelle du cotonnier et de ses espèces.

C'est aussi d'après les observations qui m'ont été faites que je me suis décidé à supprimer le chapitre sur le tissage. En effet, l'art du fabricant ayant été très-bien décrit, mon article devenait inutile.

Je ne me flatte pas cependant de n'avoir rien omis, et d'avoir fait toutes les observations que comportait le sujet; mais je suis à peu près certain d'avoir rapporté tout ce que ma mémoire, mes études et l'expérience m'avaient appris.

Au surplus, j'ai osé tenter de frayer la route, et si le mérite augmente en raison de la difficulté, enfin si mon zèle a trahi mes efforts, c'est qu'il n'appartient qu'à Jupiter d'avoir fait sortir de son cerveau Minerve tout armée. Si j'ai puisé beaucoup de renseignemens en Angleterre et dans la Belgique, c'est que je suis persuadé qu'aucun art, aucune science n'appartiennent à un peuple en particulier, ni à une nation en général.

J'ai dit plus haut que les filateurs croyant généralement posséder des procédés particuliers , vivaient isolément et communiquaient peu ensemble ; c'est un très-grand malheur pour l'art. Nul doute que l'auteur d'une découverte ne doive jouir du fruit de ses travaux, c'est incontestable ; mais ces secrets usurpés par l'égoïsme, dérobés par la cupidité sont un vol fait à la société et un crime envers la patrie. Qu'est-il arrivé de l'éloignement dans lequel vivent les filateurs? c'est que la nomenclature de leurs termes est à la fois vague, triviale, ridicule et absurde. N'est-il pas pitoyable que des gens qu'on doit supposer instruits se servent pour termes spécifiques de mots faux, grossiers, barbares et sans signification; tels sont ceux de *loup*, *renard*, *diable*, *épluchage*, *tête de cheval*, *clef anglaise*, *berlaudoire*, *boudin*, *boudinoir*, *plaque*, *ploque*, etc.

Et pourquoi les professions mécaniques n'auraient-elles pas une nomenclature nouvelle, une langue particulière?

Le temps de leur enfance est passé ; et maintenant, dans la virilité, ils sont assez robustes pour ne plus balbutier, et pour apprendre à perfectionner leur langage. Il est d'une nécessité absolue qu'un nouvel idiome s'étende aux principes, aux instrumens et aux procédés.

On a objecté, j'en conviens, que la langue française était déjà trop surchargée de noms, et que ce qui en existe suffit pour que les artisans et les ouvriers s'entendent. Mais a-t-on bien réfléchi que les sciences ont changé, et ont étendu leur nomenclature, à mesure que leurs progrès en ont fait sentir la nécessité. Qu'on cesse d'opposer des raisons aussi futiles ; les botanistes et les chimistes ont adopté des classifications et des nomenclatures utiles, et je demande si les auteurs ont été arrêtés par la considération que l'ancienne langue était suffisante.

Plusieurs tentatives ont eu lieu pour réformer ce que le langage des arts mécaniques peut offrir de déffectueux.

(xv)

Dans cette intention, le sieur Cotte publia, en 1801, un vocabulaire des machines et instrumens de mécanique. Il existe aussi quelques observations utiles dans d'autres ouvrages; j'avais encore dessein de présenter mes observations relativement à la filature, j'ai été retenu par la crainte de ne pas réussir; un pareil travail demande des connaissances qui se trouvent bien rarement réunies. Cette tâche honorable est réservée à la Société d'Encouragement pour l'industrie nationale qui compte tant de savans distingués parmi ses membres. C'est à elle qu'appartient l'honneur insigne de faire cesser l'enfance du langage dans les arts mécaniques. Ce travail lui est exclusivement réservé ; et si jamais la Société d'Encouragement l'entreprend, elle justifiera son titre et aura bien mérité de la patrie, des arts, et de notre langue.

Paris 15 septembre 1821.

INTRODUCTION.

Histoire de la filature de coton et de ses progrès, de son introduction en France et en Angleterre, de ses accroissemens, et des changemens successifs que cet art a éprouvés pour arriver au point où il est aujourd'hui.

AINSI que tous les arts, celui de la filature eut une longue enfance; et dès l'instant où des encouragemens lui furent accordés, on le vit marcher rapidement vers la perfection.

La France si riche par ses productions, par l'étendue de son commerce, par l'industrie de ses habitans, fut long-temps privée des avantages que procurent les manufactures de coton. Il est vrai de dire que nos négocians et le gouvernement même, étaient loin de sentir leur importance et leur utilité. La fabrication était bornée à la bonneterie, à la mousseline et à des velours. La matière que nous tirions du Levant par la voie de Marseille, arrivait le plus souvent toute préparée et prête à être mise en œuvre. Le peu d'encouragement accordé à cette branche d'industrie, ne pouvait lui faire prendre un essor plus élevé. Les Anglais au contraire, par l'appât des récompenses, faisaient un appel aux savans et aux gens de l'art. En peu d'années l'art de la filature fit chez eux des progrès étonnans et a été depuis poussé au plus haut degré de perfection.

Deux de nos villes, Rouen et Troyes, s'occupaient spécialement de la filature et du tissage des cotons; mais l'insuffisance des moyens employés, la longueur des travaux, le prix élevé de la main d'œuvre faisaient qu'il n'en résultait aucun avantage pour la France. D'ailleurs, les produits de ces fabriques étaient si grossièrement travaillés, qu'ils n'étaient guère achetés que par les classes les moins fortunées. Les Anglais, par la beauté de leur travail, par la modération de leurs prix, portèrent un coup funeste à nos manufactures. Cet état dura long-temps, à cause de la suite des événemens de 1789 et des circonstances qui les avaient préparés. Il se trouva enfin de ces hommes généreux qui, jaloux de la seule gloire légitime, celle d'être utile à la patrie, voulurent transporter en France les moyens employés par nos voisins. Leurs efforts furent couronnés du plus brillant succès; et quelques pas encore, la rivalité de talens cesse d'exister.

Il sera facile de juger de l'imperfection de nos

anciennes fabriques, par l'insuffisance des procédés en usage alors. Le coton ayant passé au
battage et à l'épluchement, était cardé avec des
cardes à mains, dites quenouilles, de huit pouces
de long sur un pouce de large, puis on le filait à
la main et au rouet.

Quelques négocians qui revenaient des
échelles du Levant, introduisirent chez nous
la méthode d'arçonner le coton au lieu de le
carder. Cette méthode, bien préférable et bien supérieure à l'ancienne, fut cependant vivement
critiquée. On prétendit que l'arçon brisait les
brins au lieu de les démêler et de les étendre ;
que le fil se formait avec plus de peine, qu'il était
plus inégal ; enfin, que l'arçon préparait moins
bien le coton des Antilles que la carde anglaise.

Les ouvriers s'exhalèrent en plaintes, comme
ils le font toujours lors d'une amélioration qui,
en économisant le temps, prépare beaucoup
plus de matière, et devient moins dispendieuse.
L'arçonneur débitait plus de coton en un jour
qu'un habile cardeur en cinq.

Vers l'année 1745, un sieur de Montaran fit
venir des rouets de la Chine, aux moyens des-
quels on obtenait un fil un peu moins grossier
que celui filé par les rouets ordinaires.

Le sieur Flachat entreprit le voyage du Levant pour y aller étudier les procédés employés

dans la fabrication. A son retour, il ramena plusieurs Grecs instruits dans la préparation de la filature, de la teinture du coton, de la soie, du fil, des poils de chèvre et autres matières premières.

Par arrêt du conseil du roi en date du 21 décembre 1756, Flachat, nommé directeur des établissemens levantins et de la manufacture de Saint-Chamont , fut autorisé à continuer les opérations d'arçonnage, de filature et de teinture suivant les procédés usités dans le Levant. Les ouvriers qu'il avait amenés avec lui , obtinrent aussi de grands avantages.

Le filage du coton se faisait au moyen de roucts à filer le fil; la roue seulement était plus petite , pour en rendre le mouvement moins fort. On filait le coton en le tirant à mesure de dessus la carde à main. Les ouvrages fabriqués avec ce fil étaient extrêmement mousseux, parce que les bouts des filamens du coton paraissaient sur les étoffes qui en étaient faites (1). On séparait du coton tous les filamens courts, qui ne pouvaient être pris en long; c'est ce qu'on nommait étoupes.

---

(1) C'est cette sorte de mousse qui a fait donner le nom de mousseline à toutes les toiles fines de coton qui ont toutes en effet ce duvet. Pour réparer ce défaut, on était obligé de les étouper.

Sortant du rouet, le fil était sujet à se friser ; pour obvier à ce défaut qui rendait le fil faible et cassant, on faisait bouillir, pendant une minute seulement, dans de l'eau commune, les fuseaux tels qu'ils sortaient de dessous le rouet. On se servait, pour cette opération, de fuseaux en ivoire ; ceux en bois se changeant et se gonflant au débouilli.

Le coton était ensuite porté à l'ourdissoir, afin de lui donner les longueurs nécessaires pour en faire la chaîne et le pouvoir teindre sans le mêler.

On appelait ourdissoir, un certain nombre de chevilles placées par couples sur la même ligne dans une muraille et à la distance d'un pied les unes des autres. L'ouvrier plaçait le fil le long des chevilles, en le croisant de cheville en cheville et en le ramenant ensuite au premier point d'où il était parti, puis il recommençait. C'est ainsi que se faisaient les portées ou paquets qui comprenaient quarante fils ; ces portées étaient attachées avec du gros fil.

C'est par le moyen de l'ourdissage qu'on pouvait comparer le numéro plus ou moins élevé du fil, et juger de sa finesse ou de sa grosseur.

Les beaux cotons filés se tiraient de l'Orient et des Indes ; les cotons de Damas, *cotons d'once*, de Jérusalem, *bazas*, et des Antilles étaient fort estimés, ainsi que les cotons de Java.

Vers le milieu du dix‑huitième siècle, la France tirait des échelles du Levant, par la voie de Marseille, plus de trente espèces de cotons filés.

La somme du coton en laine qui nous venait des Antilles s'éleva depuis 1756 à 1770 de 357,000 à 400,000 liv. par an. Le quintal était payé de 200 à 275 fr. Les cotons en laine de l'Orient étaient d'un prix moins élevé. En 1759, le quintal de coton d'Acre valait 70 à 80 fr., le Smyrne de 60 à 70 fr., le Salonique de 65 à 75 fr. En 1761, les prix s'élevèrent, et cette dernière espèce se vendit de 90 à 100 fr. le quintal.

On peut estimer la quantité de coton employée en France à cette époque au poids de 12 à 1,500,000 liv. Pendant l'année de 1820, il a été importé 19,700,000 kilogrammes qui, à raison de 112 kilogrammes 50 décagrammes par balle, (252 livres anglaises), forment la somme de 175,112 balles.

Les immenses progrès des sciences mathématiques devaient naturellement faire espérer, d'après les améliorations apportées dans nos manufactures, que les mécaniciens s'occuperaient de la filature en général et particulièrement de celle du coton. Les Anglais, qui mieux que nous, connaissaient les avantages immenses qu'on pouvait retirer de cette branche de l'industrie, proposèrent des récompenses pour les décerner aux hommes industrieux qui feraient des découvertes utiles. A cet appel, les concurrens s'élancèrent dans la carrière et se montrèrent dignes de la parcourir. Le feu de l'émulation pénètre partout ; on admet quelques changemens avantageux pour l'art. Enfin nous touchons à cette époque mémorable, en 1767, où James Hargreaves invente le petit métier dit jenny ou jeannete. Je dis époque mémorable, parce que cette découverte produisit une révolution salutaire dans la fabrication et qu'elle a été le type et le fondement du mull-jenny.

Toute imparfaite que soit la jenny, son introduction est fort remarquable et son auteur n'en mérite pas moins les éloges de ses compatriotes et les nôtres. Certes, le premier qui s'avisa de creuser un morceau de bois et d'en faire un sabot, n'était pas un homme ordinaire.

La jenny est une sorte de petit métier qui fait mouvoir depuis quarante broches jusqu'à soixante. Ces broches sont placées perpendiculairement sur deux rangs et sur un charriot fixe. L'ouvrière, de la main gauche, tourne une manivelle qui met en jeu une roue dressée horizontalement ; de la main droite, l'ouvrière tient et fait marcher une barre dans laquelle sont fixés tous les fils. En sorte que la régularité de la main de l'ouvrière règle le tors et la finesse du fil. Pareilles à celles des mulls, les broches de la jeannete en ont aussi le mouvement; mais cette machine n'étant pas munie de cylindres pour alonger le coton avant de le tordre, elle ne peut alors fournir qu'un fil grossier et très-inégal.

Sir Richard Arkwright, auquel la filature a tant d'obligations pour ses heureuses et admirables découvertes, est l'auteur du système des cylindres cannelés et de pression dans l'étirage, le boudinoir et les grands métiers. Enfin par la réunion de la jenny et du système de préparation de Sir Richard Arkwright, M. Crumpton composa le mull-jenny. Le parlement d'Angleterre a généreusement récompensé ces deux hommes, l'un a été créé baronnet, et on a décerné à l'autre un encouragement de cinq mille guinées (120,000 fr.)

Le mull-jenny est supérieur à toutes les machines qu'on avait tenté d'introduire (1). Il est

---

(1) Les Anglais nomment la filature par le mull-jenny, filage de torsion, *spinning of twist*, quand le métier est mis en jeu par les bras ou par la pompe à feu. Filage à l'eau, *water spinning*, quand le mouvement est donné par une roue mue par un courant d'eau; c'est une imi-

propre à filer les plus gros numéros comme les plus fins. La méthode d'étirage à la jenny fournit les moyens d'une grande extension ; mais si elle est portée assez loin pour amener le gros boudin à l'état de fil assez fin, on court risque, en tirant irrégulièrement, que le fil soit inégal et plus gros dans quelques places que dans d'autres. Dans l'emploi des jennys, le coton étant préparé à la main, la matière est grossièrement filée et a reçu plus de tors que dans le mull. Le tors du boudin dans le rouet est donné en sens inverse du tors qu'il reçoit par la jenny. On était forcé de préparer le boudin à l'aide du rouet à main, parce que le cardage se faisait avec les quenouilles ou cardes à main avant l'invention de la carde à loquettes.

Sans avoir aucun des défauts de son original, le mull file d'une manière parfaite et très-expéditive. Son principal avantage consiste en ce que toutes les fibres sont placées longitudinalement et en aussi petites quantités qu'on désire les avoir, avant qu'on ait commencé à les tordre. Les fils

---

tation de la filature obtenue par la roue ou machine à aîle, *sty wheel, jack styer.* Une des premières inventions de sir R. Arkwright fut la substitution d'un moteur pour remplacer les bras de l'homme ; il appliqua sa découverte au filage de torsion et au filage par l'eau.

d'une certaine finesse sont beaucoup plus forts que s'ils étaient fabriqués avec des boudins faits au rouet à la main, comme dans la filature par la jenny. Ce métier tord beaucoup trop les fils dans le premier instant, dès lors de l'extension subséquente de l'étirage, le recul des broches fait nécessairement rompre un grand nombre de fibres. Le mull file ordinairement de 216 à 360 broches à la fois ; un ouvrier aidé de deux enfans, pour rattacher le petit nombre de fils qui viennent à se casser, peut en conduire deux.

La jenny est maintenant hors d'usage dans nos manufactures de coton ; elle est seulement employée pour le filage des mauvais déchets et dans les manufactures de laine.

Il est facile de s'apercevoir que par les diverses opérations qu'elle subit, la laine du coton devient un fil fort et fin, en étendant le ruban jusqu'à ce que les fibres soient devenues droites. Ce ruban est ensuite changé en un fil grossier dans la machine d'étirage, puis une légère torsion du boudinoir lui imprime la force suffisante pour soutenir l'extension qui doit l'amener à la grosseur désirée, et enfin par le tors, il devient un fil parfait.

Ces procédés ont été substitués à l'unique impulsion du doigt et du pouce de la fileuse, qui ne s'attache qu'au seul flocon de laine qu'elle tient entre ses doigts. Le travail de la fileuse, est toujours rempli d'irrégularités et deux de ses prises à la quenouille offrent des différences frappantes.

Et s'il est impossible d'obtenir un travail uniforme par ce moyen, nous pouvons, à l'aide des machines, amener le boudin et le fil à un état d'uniformité parfaite. Ainsi, chaque portion de la laine étant traitée de la même manière, le produit est partout égal et constant.

Voici la liste des machines employées dans les manufactures d'Angleterre, et dont nous nous servons également.

1° La machine à battre, *The batting machine.*

2° Là machine à ouvrir, *The opening machine* ou le Diable, *The devil.*

3° Le ventilateur.

4° La carde en gros ou brisoir, *Carding machine, Card Breaker.*

5° Carde en fin ou finissante, *Card finishing.*

6° Le laminoir, *Drawing frame.*

7° Le doubloir.

8° Le boudinoir, *The roving*, le rangeur.

9° Le bobinoir, *Roving machine*, machine à ranger.

10° Machine à étendre.

11º Le double expéditeur ; *Double speeder.*

12º La machine à courant d'eau ou de filage à l'eau, *Water frame, Water spinning frame.*

13º La grive, *Throstle.*

14º Le mull-jenny.

15º Le devidoir, *Reel.*

16º Machine à tordre, *Twisting machine.*

17º Machine à pelotonner, *Ball winding machine.*

Avant l'invention de ces machines, des mécaniciens français avaient tenté à plusieurs époques d'introduire de nouveaux métiers pour travailler le coton. En 1782, un sieur Lebrun imagina une machine pour filer ; deux personnes suffisaient pour faire travailler cette mécanique qui, dit-on, produisait en un jour l'ouvrage de douze personnes. Vers 1784, Dom Simon Pla, Espagnol, exécuta une machine laquelle était mue par un cheval et cardait dix livres de coton par heure. Vers le même temps, le sieur Dellié fit paraître de nouveaux métiers que le sieur Milne a singulièrement perfectionnés en 1792. L'année suivante l'Anglais John Macloude, offrit de communiquer au gouvernement républicain, un grand nombre de procédés relatifs à la main-d'œuvre du coton. Il désirait faire connaître les détails nécessaires au perfectionnement de la fabrication de toutes les étoffes de cotons, détails qui, pendant trop long-temps, ont donné aux fabriques anglaises, un si grand avantage sur les manufactures de France. En effet, les mousselines simples, à mouches, à ramages de différentes couleurs, les mousselinettes, velours de coton, les étoffes piquées, les courtes-pointes à fleurs, etc., qui étaient tirés d'Angleterre ne laissaient rien à désirer sous les rapports de la beauté et de la perfection du travail.

Avant de retourner dans sa patrie, John Macloude proposa d'établir à Paris ou à Rouen des métiers pareils à ceux construits à Manchester pour les étoffes. Il offrait de mettre nos ouvriers à portée d'employer seize mille montages différens, d'indiquer un grand nombre d'apprêts inconnus en France. C'est par ces apprêts que les étoffes de coton fabriquées en Angleterre, offrent cet uni et cette blancheur, qu'il nous a été si difficile de pouvoir atteindre. Malheureusement les propositions de Macloude ne furent pas acceptées : il avait cependant introduit en France la navette volante, qu'on fait mouvoir avec une corde; enfin, il avait apporté des changemens considérables dans les diverses parties de la fabrication.

La principale cause de la rapide extension du commerce de coton est due à l'introduction de cette quantité de machines dans toutes les branches qu'il renferme ; quantité qui excède celle de toutes les autres manufactures d'entrepôt. L'utilité , je dirai même la politique d'employer des machines pour abréger le travail, sont des sujets qui ont exercé la plume de plusieurs écrivains français et étrangers. Cependant, l'introduction des machines en général, a presque toujours été accompagnée de beaucoup de désordres et d'émeutes. Lorsque Vaucanson fit paraître son métier pour organdiser les soies, le peuple de Lyon se révolta et brisa la nouvelle invention. Lors des événemens de 1789, Rouen possédait une manufacture, aujourd'hui exploitée par M. Sevene, qui renfermait un grand nombre de métiers construits en Angleterre; instruit que le peuple voulait détruire ses métiers, le propriétaire les fit emballer et transporter dans un lieu sûr, d'où ils ne furent rapportés qu'à une époque plus tranquille. M. Barneville, autre filature de Rouen , fut moins heureux ; il avait porté son art à un haut degré de perfection, et fabriquait les plus fines mousselines ; dans une émeute tous ses métiers, de même que ceux de plusieurs de ses confrères, furent brisés ou incendiés. Tout le monde connaît le résultat des événemens de Manchester, et les excès auxquels se sont portés les ouvriers.

On ne peut se dissimuler cependant que l'invention des machines ne soit une admirable production de l'esprit humain, dont rien ne doit ni ne peut arrêter la marche et les progrès. Les machines fournissent aux manufacturiers les moyens de beaucoup mieux fabriquer qu'on ne le faisait à la main, de donner une marchandise plus belle et incontestablement meilleure, à très-bas prix. L'uniformité et la certitude des opérations mécaniques, rendent cette marchandise plus régulière et plus parfaite ; le prix baisse en raison des nombreuses quantités que les machines peuvent confectionner. Les machines font porter au dehors le produit des manufactures d'Angleterre ; en aidant aux Anglais à supporter le poids énorme des taxes, elles font augmenter naturellement le prix des denrées, mais aussi leurs marchandises soutiennent la concurrence dans tous les pays étrangers. L'exportation de ces marchandises rapporte des sommes immenses au gouvernement.

Sans doute que, dans le premier instant de leur introduction, les machines privent quelques personnes de travail, parce qu'elles changent la nature et le cours des affaires ; mais cet inconvénient momentané ne tarde pas à être totalement anéanti, et les machines servent bientôt à accroître les travaux et à augmenter le nombre des ouvriers. Pour une légère diminution sur la somme des cardeuses et des fileuses , comment pouvoir compter la foule innombrable des bat-teurs , des éplucheuses , des soigneuses , des fileurs, des rattacheuses, des devideuses ; ensuite au tissage, les trameuses, les chaîneuses, les our-disseuses, les tisserands , etc.

La fabrique du coton est maintenant l'une des principales et des plus importantes branches du commerce de l'Angleterre. L'histoire de ses progrès dans le dix-huitième siècle, fournit une preuve éclatante de l'utile application de la mé-canique à cette manufacture. Les annales du commerce n'offrent aucun autre exemple qui puisse soutenir le parallèle.

Vers le milieu du dix-huitième siècle , l'art de la filature du coton en Angleterre était aussi peu avancé qu'il l'était en France ; il était abandonné aux mains de l'homme malheureux, ou relégué dans la cabane du pauvre cultivateur du Lan-cashire. Les produits de cette filature étaient desti-nés aux consommations domestiques. Manchester cependant exportait quelques articles, dès la fin du dix-septième siècle. Les procédés employés dans cette fabrication, étaient simples et présen-taient l'image de l'enfance de l'art. Aucune invention nouvelle ne servait à rendre ses tra-vaux plus actifs. La population qui, vers 1750, se livrait à cette occupation , s'élevait à près de vingt mille individus et avait à peine doublé trente ans après.

C'est de cet état d'abjection, que l'art de la filature sortit tout à coup avec une force, une vigueur qui n'ont point d'égales, et que, par des raisons que j'exposerai, elle devint dans le court espace de quarante ans, la branche la plus importante et la plus florissante du commerce de l'Angleterre.

On ignore l'époque à laquelle le travail du coton fut introduit en Angleterre ; les documens authentiques ne remontent pas au-delà du dix-septième siècle. Ce travail était alors si peu considérable, que les historiens ne l'ont pas jugé digne de l'attention.

Un passage mal interprêté, a fait penser que le coton était travaillé depuis long-temps en Angleterre ; il est rapporté par Lélan, *Voyage dans Lancashire*, sous le règne de Henri VIII. « *Boston upon moore market*, » dit-il, est célèbre par ses cotons ; « beaucoup de villages dans les Landes du Boston en fabriquent. » On déduisit de ce texte l'existence d'une manufacture de coton dans le Lancashire à cette époque reculée. Mais cette supposition est détruite par un acte passé en 1552, sous le règne d'Édouard VI, et *rendu pour la bonne fabrication des étoffes de laine*. On y lit : « tous les cotons connus sous les

noms de Manchester, Lancashire et Cheshire,
fabriqués pour être vendus, porteront vingt-
deux verges de long et trois quarts de verge de
largeur étant mouillés ; les pièces pèseront trente
livres au moins. Tous les autres draps connus
sous le nom de draps à poil de Manchester, ou
frises de Manchester, destinés à la vente, portent
vingt-deux verges de long et trois quarts de verge
en largeur lorsqu'il sortent de l'eau ; qu'ils ne
soient point étendus au crochet, ou sur des clous
d'une verge de large ; lorsqu'ils seront secs, chaque pièce pèsera quarante - huit livres au
moins. »

Il est évident, d'après ce passage, que les cotons de Manchester étaient des étoffes de laine
de l'espèce la plus grossière, ce qui est prouvé
par le poids qu'elles doivent avoir. Le témoignage
de Camden est également décisif à cet égard. En
parlant de l'état de la ville de Manchester en 1590,
il dit : « cette ville surpasse toutes celles qui
l'environnent, par la beauté de sa situation, par
sa population, par sa *fabrique de laine*, la place
de son marché, son église, par son collége et
surtout par la réputation de ses étoffes de laine
qui sont connues sous le nom de *cotons de Manchester.* »

Ces étoffes se fabriquaient aussi dans le pays
de Galles, en 1566, d'après le passage suivant,

extrait de l'acte huitième de la reine Elisabeth.

« De temps immémorial il exista à Shrewsburg, et il existe encore une compagnie, fraternité et corps de métier de l'art des drapiers; par le motif d'un certain travail et commerce, ladite confraternité jouit du droit d'acheter et de vendre les draps et toiles de Galles, vulgairement appelés *cotons de Galles* ou *draps à poil*, dont on fait usage dans le pays. »

Il est assez singulier que le mot coton ait été appliqué à des étoffes de laine, dont le poids et la substance ne pouvaient nullement les faire regarder comme des imitations ou des substitutions d'autres étoffes de coton provenant des pays étrangers (1).

Cependant le coton en laine était importé en Angleterre, bien long-temps avant qu'il fut question de ses fabriques. Hackluyt, dans le premier volume de sa collection des voyages, a

---

(1) Une nouvelle preuve, c'est le renom qu'ont encore aujourd'hui les *cotons de Kendal*, dont la fabrication existe depuis environ cinq siècles. Ces cotons sont d'une laine de l'espèce la plus grossière. Les étoffes de Galles, à poils et unies sont encore fabriquées sous les deux formes citées. Elles sont expédiées pour les Etats-Unis et pour les Antilles où elles servent à habiller les nègres. De pauvres cultivateurs gallois l'employent pour leurs vêtemens. Il

2.

inséré un petit poëme composé vers 1430 et qui a pour titre : *Marche de la politique anglaise.*

L'auteur démontre la nécessité que l'Angleterre possède l'empire des mers ; il donne la nomenclature des productions naturelles et de celles des manufactures qui, à cette époque, formaient le commerce d'échange entre les divers états de l'Europe. Dans le dénombrement des articles qui forme le commerce de ces états, le poëte dit : « Sur leurs larges vaisseaux qu'ils appellent des carraques, les Génois apportent mille choses utiles ; on y remarque particulièrement des draps d'or, de la soie, du papier de *coton*, de la guède (1), de l'alun, de l'huile, du *coton en laine*, etc. Ils remportent en échange des draps fabriqués avec la laine du pays. »

Dès-lors il est donc évident qu'à une époque antérieure à l'ouvrage cité, les Génois fournissaient l'Angleterre de coton tiré du Levant et

existe une foule de conjectures sur l'origine de ce nom ; la plus probable est qu'il serait une corruption du mot *coating*, qui signifie vêtement, habillement. Il est certain que les étoffes de Manchester, de Cheshire et de Galles ont été faites à l'imitation de celles de Kendal, dont le tissu est en laine, et que les observations de Lélan, s'appliquent aux observations rapportées.

(1) *Isatis tinctoria.*

qu'ils conservèrent ce commerce jusques vers l'année 1511. Hackluyt nous apprend que plusieurs grands vaisseaux expédiés de Londres et de Bristol, ouvrirent un nouveau commerce avec la Sicile, la Grèce, les Echelles du Levant, et même avec la Syrie. Ces vaisseaux chargés de plusieurs étoffes de laine, de cuirs, de peaux de veau, etc., rapportaient de la soie, des étoffes, des plantes médicinales, des vins, des huiles, du coton en laine et des épices de l'Inde.

Ces heureux essais devaient faire naître les plus flatteuses espérances. Il n'en fut pas ainsi, car les marchands d'Anvers exploitèrent seuls ce commerce que les Anglais abandonnèrent entièrement jusqu'en 1575. Peu de temps avant l'époque des troubles dans les Pays-Bas, dit Wheeler, qui écrivait en 1610, les Anversois étaient devenus les seuls commerçans de l'Italie ; ils y portaient les produits des manufactures de la Belgique, de l'Angleterre, de la France, etc. Les Anversois allaient encore dans la Sicile, la Grèce, la Barbarie, le Levant, l'Egypte et Tripoli de Syrie. Par suite de leur activité, ils avaient exclu du commerce les Italiens, les Anglais, les Français, et ils étaient parvenus à bannir les Allemands des foires et des marchés qu'ils tenaient chez eux. Wheeler ajoute que parmi les nombreux articles dont les Anversois fournissaient l'Angleterre, le principal était le coton ; ils le tiraient de la Sicile, du Levant et quelquefois de Lisbonne avec d'autres articles précieux que les Portugais apportaient alors de l'Inde.

Le commerce de l'Angleterre prit un nouvel essort après le sac d'Anvers; et en 1621, il était dans un état florissant. Dans l'ouvrage *sur le commerce de l'Inde*, par Munu, le coton est placé au nombre des articles que les Anglais tiraient de la Méditerranée.

Ainsi, avant la découverte des Amériques et quelque temps après, tous les états d'Europe n'employaient que les cotons du Levant.

Mais depuis cette nouvelle importation du coton, est-il permis de penser qu'il se soit alors établi des manufactures en Angleterre? Cela n'est pas possible; il est cependant à présumer que les Anglais fournis de toiles de coton, qui venaient du Levant ou d'autres pays, et possédant la matière brute nécessaire à leur préparation, ont dû faire quelques tentatives pour fabriquer ces toiles.

Le premier usage du coton, fut d'être employé à faire des mèches de chandelle. Au rapport de Guichardin, *Histoire des Pays-Bas*, les futaines auraient été d'abord fabriquées en Flandre. Il est à regretter que cet auteur n'ait point assigné de date pour l'introduction de ce travail. Dans le petit poëme inséré dans la collection d'Hackluyt, ces futaines sont citées comme un objet d'importation en Hollande, en Prusse et en Allemagne. Il est cependant à présumer que les futaines furent d'abord fabriquées en Italie, et tout porte à le croire; d'abord la proximité de l'Italie avec les pays qui produisent le coton, puis ses anciennes communications avec les contrées qui fournissaient l'Europe de toiles de coton, doivent y faire placer l'origine des futaines, de préférence aux nations plus éloignées et plus reculées vers le Nord. Guichardin, sous l'an 1560, ajoute que les Anversois importaient à Milan, des fils et des étoffes d'or et d'argent, des soies filées et des étoffes de soie, des futaines et des bazins de plusieurs qualités, etc.

La fabrication des futaines fut transportée de la Belgique en Angleterre, dès le commencement du dix-septième siècle, et fut établie dans les villes de Boston et de Manchester, par les protestans réfugiés. Il est à présumer que cette introduction ne remonte pas au-delà. Car, si les Flamands eussent donné une grande extension à ce genre de manufacture, il eut été déjà connu dans le pays, à l'époque où cette foule de fabricans et de tisserands émigra en Angleterre, sous Edouard III, et lors des troubles des Pays-Bas, sous le règne de Philippe II, roi d'Espagne.

Une des lois somptuaires de Jacques Ier approuvée par le parlement d'Ecosse en 1621, dit : les domestiques et serviteurs n'auront pas de soie sur leurs habits, à l'exception des boutons et des jarretières; ils porteront seulement des vêtemens de drap, de futaine et de canevas d'Ecosse. Cette défense semblerait indiquer que la fabrication de ces articles était alors assez avancée dans l'Ecosse.

Le premier document authentique sur la manufacture de coton en Angleterre, se trouve dans le *Trésor du commerce*, ouvrage publié en 1641, par Lewis Robert. « La ville de Manchester, dit-il, achète tout le lin filé en Irlande ; elle le tisse et le renvoie fabriqué en toiles pour être vendu. Cette ville ne borne pas son industrie à cette seule branche; elle achète à Londres tout le coton en laine qui est apporté de Chypre et de Smyrne. On en fabrique des futaines, des bazins, des toiles teintes en rouge. Ces étoffes sont ensuite renvoyées à Londres, pour y être vendues ou expédiées pour l'étranger, et souvent pour les pays d'où la matière première est tirée. »

La manufacture de lin, ne constituait pas la plus forte partie du commerce de Manchester; on faisait seulement alors les futaines, et presque toutes les étoffes de coton, sur des chaînes de fil d'Irlande et de Hambourg.

Dès cette époque, Boston, Leigh et autres lieux circonvoisins, s'emparèrent de ce genre d'industrie. Boston devint le principal entrepôt pour la vente de cette fabrication.

Les marchands de Manchester, venaient acheter ces étoffes en écru, puis ils les apprêtaient et les débitaient dans le pays ainsi que les futaines (1).

Wilson, d'abord fabricant de futaines, puis de velours de coton, à Anisworth, près de Manchester, améliora plusieurs branches de son art et perfectionna les méthodes d'apprêt et de teinture, lesquelles étaient alors très-imparfaites. Les produits de ses manufactures se faisaient surtout remarquer par un fini achevé; aussi les distinguait-t-on de ceux de ses confrères. Wilson enlevait avec des rasoirs les fibres lâches ou inégales, puis il les brûlait ou les flambait à la flamme de l'esprit de vin. A cette méthode il fit succéder des fers chauds dont la forme approchait de celle du fer à griller des tisserands, mais

____

(1) Voici leurs noms : les *herrings bones*, les *pillows*, sortes de futaines pour faire des poches d'habits, des doublures et des vêtemens ; les *ribs*, les *barragou*, les *shiped dimities*, des *jeans*, bazins et fortes étoffes à côtes qui ont été remplacées par les *thicksets*, et par au moins deux cents autres espèces.

plus ronds que le fer inventé par Vitlow. Enfin Wilson mit en œuvre les cylindres de fonte chauffés au rouge.

Vers le milieu du dix-huitième siècle, on comptait à Boston et à Manchester plusieurs fabriques très-considérables. Non-seulement elles fournissaient une foule d'objets variés à la consommation intérieure, à l'existence d'une grande partie de la population de ces contrées, mais encore à l'accroissement du commerce avec l'étranger. L'accroissement de la population, l'arrivée d'un grand nombre d'ouvriers venus d'autres districts, l'impossibilité de pouvoir fournir aux demandes qui étaient faites, fit sentir le besoin d'introduire des machines qui pourraient suppléer au manque de bras.

On filait à la main en employant une sorte de roue, nommée roue à un fil, *one thread wheel;* cet appareil très-simple consistait dans un seul fuseau ou petit axe, lequel était mis en mouvement au moyen d'une roue et d'une bande. De la main droite, on faisait tourner la roue; et de la gauche, on conduisait le fil. Une bonne ouvrière filait une livre de coton par jour, dans les numéros quinze à vingt.

Les commandes de marchandises ne cessant pas de s'accroître, firent plus fortement sentir le besoin des machines. On en construisit quelques unes, parmi lesquelles on cite celles de Paul, de Londres, qui obtint même une patente. Ces essais ne furent point heureux ; enfin , en 1767, James Hargreaves inventa la jenny.

Hargreaves, homme industrieux, quoique sans études et sans connaissances mécaniques, était un tisserand de Stanhill, près Church, à peu de distance de Blackburn, dans le Lancashire. On attribue au hasard, père de tant de découvertes, l'invention de la jenny et l'on cite à ce sujet l'anecdote suivante. Des enfans s'étaient réunis dans l'atelier d'Hargreaves, pour y jouer; il faisait tourner un rouet, qui fut renversé par accident. Le fil resta cependant dans la main du fileur, et comme les bras et la périphérie ou contour de la roue, au moyen de l'épaisseur du bâtis, n'avaient pas porté sur le plancher, la vélocité que la roue avait acquise avant la chute, continua de faire tourner la broche comme auparavant. Hargreaves étonné regarde attentivement; il exprima sa surprise par des exclamations dont on se rappelle encore, et continua de faire tourner toujours la roue couchée; l'intérêt qu'il mettait à observer fut pris pour de l'indolence.

Il avait précédemment essayé de filer deux ou trois fils à la fois avec la roue ordinaire, et en les tenant de la main gauche; mais la position horizontale des broches avait rendu sa tentative inutile.

La jenny eut d'abord huit broches, lesquelles étaient mises en mouvement par la bande de la roue horizontale, au centre de laquelle était placé un arbre vertical terminé par une poignée que le fileur tenait à la main. Les fils passaient entre deux morceaux de bois placés horizontalement dans le sens de la longueur de la machine; pressés l'un contre l'autre, ils serraient le fil en gros de la même manière que fait le fileur avec le doigt et le pouce et procuraient ainsi l'extension des fils. L'auteur éprouva une grande difficulté pour enrouler le fil sur la broche après la torsion ; il y réussit au moyen d'une marche ou pédale attachée à un fil de métal que le fileur faisait jouer avec le pied.

Dans son origine, la jenny fut une machine grossière que l'inventeur construisit avec un couteau. La barre d'arrêt par laquelle les fils étaient tirés, consistait en un morceau de bois d'épine fendu en deux. Les parties essentielles de ce métier et sa marche étaient également défectueuses. Hargreaves peu instruit dans la mécanique, étant obligé de se cacher pour construire la machine, fut contraint de se priver de conseils salutaires dont il avait un si grand besoin.

Malgré les imperfections de cette machine, sa découverte manqua de coûter la vie à son auteur. Quelques voisins qui avaient connaissance de la jenny, forcèrent Hargreaves à la cacher. Il s'en servit secrètement pour alimenter ses ateliers ; mais une indiscrétion de sa femme qui s'était vantée de filer une certaine quantité de coton dans un espace de temps déterminé, le mit dans le plus grand danger. Une multitude ignorante fond sur la maison d'Hargreaves, brise la jenny et les meubles ; une prompte fuite le sauva de la fureur des assaillans. Il se retira à Nottingham, où il avait été appelé pour la construction d'une fabrique de bas. Par un singulier rapprochement, M. Arkwright expulsé du Lancashire pour ses découvertes, se trouvait alors à Nottingham.

Pendant son séjour dans le Lancashire, Hargreaves avait construit deux ou trois jennys de douze à seize broches, pour des parens qui exerçaient sa profession.

L'effervessence des ouvriers étant entièrement calmée, on fit d'autres machines d'après le modèle, et leur nombre augmenta singulièrement ; mais dans une seconde insurrection, la populace parcourut le pays, en détruisant tous les métiers qu'elle rencontrait.

Cependant le mérite de cette invention avait été si fortement senti et apprécié, que l'autorité prit des mesures rigoureuses. Les mutins furent sévèrement punis, et dans peu de temps de nouvelles machines remplacèrent les anciennes. On remarqua même que les personnes qui s'étaient opposées le plus à l'introduction des jennys, furent les premières à profiter des avantages qu'elles offraient.

Plusieurs changemens furent alors apportés à la construction de ce métier ; sa forme le rendait fatiguant à conduire ; au moyen des améliorations, des enfans de douze à quinze ans le menaient avec facilité. Une roue verticale, remplaçant la roue horizontale, rendit la machine beaucoup meilleure. Une mécanique mue à la main fut substituée à la marche ou pédale qui forçait l'ouvrier à se tenir dans une position gênante. Enfin le métier fut agrandi, et au lieu de douze à seize broches, la jenny eut vingt, trente, quarante, cinquante et même jusqu'à quatre-vingt broches. L'usage et l'emploi de ce métier s'étendaient rapidement dans le pays, lorsqu'une émeute survenue à Nottingham vint encore tout renverser. Hargreaves fut grièvement blessé, et une jeune femme qu'il avait fait venir du Lancashire pour conduire ses métiers perdit la vie.

On doit encore à cet homme ingénieux un nouveau système pour la manière de carder.

Cette opération se faisait à la main avec deux cardes, dont l'une était plus petite que l'autre, et que l'on posait sur le genou. Ce genre de travail était aussi ennuyeux que pénible. Hargreaves remplaça les anciennes cardes, par des cardes pesantes; celle du dessous restait stationnaire sur un bloc de bois, en sorte que l'ouvrier avait l'usage de ses deux mains pour faire marcher la carde supérieure. Il perfectionna cette méthode, en plaçant deux ou trois cardes sur le même bloc, et en suspendant les cardes supérieures qui, par leur poids et leur forme, n'eussent pas été maniables. Cette suspension consistait dans une corde qui passait par une poulie attachée au plancher, et dont le bout était muni d'un contre-poids ; avec cet appareil, une femme pouvait aisément faire deux fois plus d'ouvrage.

Les cardes à bloc furent bientôt remplacées par les cardes à cylindres, dont l'invention fut réclamée par tant de personnes. Ce qu'il y a de certain, c'est que le sieur Peel, de concert avec Hargreaves, construisit à Blackburne, en 1762, une machine où les cylindres étaient employés et qui paraît être la première de ce genre.

Cette mécanique se composait de deux tambours; mais il n'existait pas d'agent pour en retirer le coton cardé. Deux femmes munies de cardes à main, les appliquaient alternativement au tambour finissant, et en retiraient le coton(1).

Malgré la sévérité des peines infligées aux destructeurs des machines, et les moyens pris pour éclairer la classe ouvrière; quoique le travail ne lui eut jamais manqué, elle se porta en 1779 aux plus grands excès. Toutes les machines mises en mouvement par l'eau ou par le manége, celles à carder et à filer, toutes les jennys qui excédaient une certaine proportion furent mises en pièces, tant à Blackburn que dans les environs. Les jennys de vingt broches et au dessous furent les seules qui échappèrent à la proscription; les grandes furent coupées en deux, afin d'être réduites au taux imposé par la populace. Ces troubles arrêtèrent pour un moment les progrès de la fabrication des cotons.

Peu de temps après l'invention de la jenny, sir Richard Arkwright fit connaître sa nouvelle méthode de filer, dont il s'occupait depuis long-temps (2). On ne peut se faire une idée des

____

(1) Malgré ses travaux et ses découvertes, Hargreaves vécut et mourut dans la pauvreté. Il fut mal récompensé par les personnes qui l'avaient employé; et même il était peu connu dans le pays qui, depuis, a tiré un si grand avantage de ses inventions.

(2) Arkwright naquit à Preston, dans le Lancashire,

difficultés qu'il eut à surmonter, non seulement avant de pouvoir mettre sa machine en usage, et même après sa construction, mais encore lorsqu'elle était assez parfaite pour que l'on put en sentir toute la valeur. Sir Richard Arkwright, ayant pris, en 1769, sa première patente pour filer par le moyen des cylindres, alla s'établir à Nottingham. Les querelles qu'il eut avec ses associés lui firent quitter son entreprise; soutenu du crédit de quelques personnes qui avaient reconnu le mérite de son invention , Arkwright

---

en 1732, d'une famille d'artisans. Il était le plus jeune de treize enfans , et il s'éleva par ses travaux et par ses découvertes de l'état d'ouvrier à la fortune et aux honneurs. Entré de bonne heure dans une manufacture d'étoffes de coton. il reconnut combien était grande l'imperfection des machines destinées à ce genre de fabrication. Son esprit ferme et persévérant lui fit rechercher les moyens d'améliorer les procédés employés dans la filature; et, par des essais multipliés , il parvint aux résultats les plus satisfaisans. On prétend qu'en voyant étirer une barre de fer rouge qu'on passait entre deux rouleaux de fer , il conçut l'idée des cylindres pour l'étirage du coton; on lui doit une foule de mécaniques plus ingénieuses les unes que les autres, et toutes relatives aux divers genres de filature. Créé baronnet par Georges III, en décembre 1786; il mourut à Rockhouse, le 3 août 1792 , des suites d'un asthme qui l'avait tourmenté dès ses jeunes ans et qui sans cesse lui faisait craindre pour ses jours.

transporta, en 1771, son nouvel établissement à Cromford dans le Derbyshire. Enfin, l'année suivante, on lui contesta son droit de patente, sur le motif qu'il n'était pas le premier inventeur. Le jugement fut en sa faveur, et consacra le droit qu'il avait à jouir de sa patente pendant tout le temps qui lui était accordé.

Après avoir inventé un nouveau métier, un nouveau système de cardes, le système d'étirage, le boudinoir et autres machines très-ingénieuses pour préparer le coton au filage, Arkwright fut encore dénoncé, en 1781, à la cour du banc du roi; il perdit d'abord sur le motif de l'insuffisance de la description (*spécification*) de ses mécaniques, mais le procès ayant été revu, le jugement fut cassé et la spécification trouvée suffisante. Attaqué de nouveau à la même cour, le 15 novembre 1785, Arkwright perdit sa cause sur le motif qu'il n'était pas le véritable inventeur. Ayant rappelé de cette sentence, il s'offrit à fournir toutes les preuves nécessaires ; sa demande fut rejetée et sa patente annulée; admise, elle eut ruiné les autres manufacturiers.

L'emploi de la jenny a totalement cessé depuis l'existence d'une troisième machine, qui est due aux talens de M. Samuel Crompton de Boston. Lors de l'invention du mull-jenny ,

vers 1776, la patente d'Arkwright existait encore, et il ne fut pas possible à l'auteur d'introduire son métier aussi généralement qu'il devait
l'être. Ainsi que son nom le prouve, le mull-
jenny réunit les deux systèmes d'Arkwright et
d'Hargreaves. Il est composé d'un système de
cylindres et de rouleaux, pareils à ceux de l'é-
tirage et du boudinoir, entre lesquels le boudin
est étendu et placé sur des broches tournantes
comme celles de la jenny. Le charriot qui porte
les broches est mobile, et s'éloigne plus vîte des
cylindres que ceux-ci ne leur délivrent le coton ; par ce moyen, les broches le tirent et l'al-
longent comme dans la machine d'Hargreaves.

Le mull complette le système de filature ; ce
métier est la seule découverte importante faite
du temps d'Arkwright, auquel elle est redeva-
ble de son principal mérite. Pour en sentir
toute l'importance, pour s'en former une juste
idée, il suffit de savoir que, par le moyen du
mull-jenny et des autres machines préparatoires, on peut obtenir d'une livre de coton
trois cents écheveaux de mille mètres de longueur.

Il résulte de cet exposé, que l'art de la filature, tel qu'il est pratiqué maintenant, est né en
Angleterre, et qu'il nous a été transmis successivement. J'ai présumé qu'on suivrait avec

3.

intérêt la marche lente de l'esprit humain, les combats du génie contre l'ignorance et les pré-jugés. On aime à voir les faibles essais de l'art dans son enfance, prendre par degrés le vol le plus élevé. C'est quand la filature semble avoir acquis le dernier point de perfection qu'on prend plaisir à porter ses regards sur son en-fance, sur ses progrès, et qu'on trouve dans sa marche, tout l'intérêt qui attache dans l'his-toire d'une nation qui, barbare à son origine, étonne ensuite le monde par son génie et sa civilisation.

ART

DU FILATEUR DE COTON.

CHAPITRE PREMIER.

Histoire naturelle du coton. — Nomenclature de ses espèces. — Marques auxquelles on peut les reconnaître. — Mélanges qu'elles peuvent subir. — Qualités du coton. — Tarres. — Longueur des soies des différentes espèces de coton. — Division des cotons selon la longueur et la finesse de la soie. — Des mélanges et de leur objet.

LE coton, ce doux et beau duvet végétal, forme l'enveloppe des graines d'un ordre de plantes qui a plusieurs noms; trois parties du globe le produisent spontanément, et il est indigène dans tous les pays de l'Asie, de l'Afrique et de l'Amérique, qui sont sous les tropiques. C'est de là que le coton a été transplanté pour devenir un objet de culture dans les parties méridionales de l'Europe (1).

---

(1) *Noms du coton en différentes langues.*

Latin, *Gossypium, Bombax, Lanifera, Xilon.*
Allemand, *Baumwolle, Kattunwolle.*
Amboine, *Hitoé, Leytimore, Abamabu.*
Anglais, *Cotton.*
Arabe, *Kotoun, Cotum.*
Arménien, *Panboch.*
Banda, *Caramboa.*
Bohémien, *Balwa.*
Buchare, *Pachta.*
Chinois, *Cay Baung, — Hoà-Mièn.*
Cochinchinois, *Mien-Su.*
Danois, *Bomuld.*
Espagnol, *Algodon.*
Essonien, *Pcomwilladi, su Willa.*
Géorgien, *Bamba, Bamby.*
Hollandais, *Ketvon, Boomwol.*
Hongrois, *Pamutt, Gyapott.*
Indien, *Kopa.*
Islandais, *Boemull.*
Italien, *Cotone, Bombagia.*
Japonais, *Wata.*
Limousin ou langue du royaume de Valence, *Cotoner.*
Lithuanien, *Bohmwolle.*
Malaca, Java, Macassar, *Capos.*
Malabar, *Cudu Pariti.*
Mongol, *Kobung.*

Le cotonnier est un genre de fleurs polypé-
tales, de la famille des malvacées ; les fleurs ,
grandes et belles, sont remarquables par leur
ample calice extérieur.

Le fruit du coton est une capsule verte, ar-
rondie en ovale, pointue au sommet, et divisée
intérieurement en trois ou quatre loges ; chaque
loge contient de trois à sept graines ovoïdes, enveloppées dans un flocon de duvet ; ces flocons
se gonflent et débordent de toutes parts, lorsque
la capsule s'ouvre par la maturité.

Ce duvet laineux renfermé dans les capsules,
est ce que l'on nomme le coton ; il est plus ou
moins soieux , plus ou moins long et blanc,
suivant les diverses espèces de la plante ; on
en compte huit espèces qui diffèrent entre elles
par la forme de leurs feuilles, de leurs fleurs
et de leurs fruits (1).

Polonais , *Bawelna.*
Portugais , *Algodao , Algodeiro , Algoudon.*
Russe, *Chloptscha taja , Bumaga.*
Sénégal, *Outeen.*
Suédois, *Bomall.*
Tatare , *Mammok.*
Ternate , *Capa.*

(1) M. de Lasteyrie , auquel nous devons un bon *Traité
du Cotonnier et de sa culture*, n'en compte que quatre

1° *Gossypium herbaceum vel religiosum*. Cette plante, dont la racine est rameuse, s'élève de douze à vingt-quatre pouces environ; sa fleur est jaune, et son coton de bonne qualité. On le cultive à Candie, à Chypre, dans la Syrie, à Malthe, en Sicile, dans l'Amérique, et il croît naturellement dans l'Inde.

2° *Gossypium hirsutum*. Seconde variété de Lamarck et sous-variété du *Gossypium herbaceum*, a les mêmes caractères et croît dans les mêmes pays. Son fruit, de la grosseur d'une pomme, fournit beaucoup. Cette espèce qui est annuelle et souvet bis-annuelle, est cultivée particulièrement dans les pays chauds des deux Amériques.

3° *Gossypium arboreum*. Cette espèce est très-reconnaissable par la forme des lobes de ses feuilles. Ces lobes sont alongés et comme digités; sa fleur est d'un rouge brun, et la plante s'élève ordinairement à la hauteur de douze à quinze pieds. Ce cotonnier est cultivé en Égypte, en

---

classes; il les divise en un grand nombre de var'étés et de sous-variétés dont il a décrit les caractères avec une exactitude scrupuleuse. Je ne puis cependant m'empêcher de faire observer qu'il n'en a rapporté aucunes aux caractères des espèces admises par nos savans botanistes de l'Europe. Voyez l'ouvrage cité, p. 102 152.

Arabie et dans l'Inde; le coton qu'il donne, passe pour être le plus fin de celui que ces pays produisent. M. Brulley a cultivé à Saint-Domingue le coton en arbre; il en laissa pousser deux pieds à toute volée. Au bout de deux ans, ces deux plans avaient acquis vingt-quatre pieds de hauteur; les rameaux étaient seulement chargés à la cîme de peu de feuilles, de fleurs et de fruits.

4° *Gossypium glabrum*, est ainsi nommé de ce que toutes ses parties sont dépourvues des poils qui existent sur les autres espèces; il est couvert de petits points noirs turberculeux qui le rendent rude au toucher. Le cotonnier glabre indigène des Antilles, s'élève à six ou sept pieds, et le coton est de médiocre qualité.

5° *Gossypium Barbadense*. Cet arbrisseau qui croît naturellement aux Barbades, a les feuilles à trois lobes, très-entières, et garnies de trois glandes sur leurs côtes.

6° et 7° Les deux espèces de *coton de Siam;* l'une est connue sous la dénomination de coton jaune de Siam, et l'autre sous le nom de coton blanc de Siam à graines vertes. La première espèce qui est cultivée à la Guadeloupe, est fort estimée; sa laine est fine, longue et douce sous la main; sa graine est plus petite que celle des autres cotons, et la laine y est souvent adhérente. M. Brulley ayant reconnu les avantages et la beauté du coton jaune de Siam et ceux d'une autre variété également jaune, allait entreprendre leur culture en grand dans l'île de Saint-Domingue ; mais la révolution de ce pays ne lui permit pas d'exécuter son projet.

8º *Gossypium vitifolium.* Cet arbrisseau croît aux Célèbes ; il est cultivé à l'Ile de France , et dans quelques parties de l'Inde.

Pour semer les cotonniers , on met une pincée de graines dans une ouverture peu profonde faite au sol. Les distances diffèrent suivant l'espèce de coton qu'on désire cultiver ; les plus rapprochées sont de trois pieds , et les plus écartées de six pieds. Les graines lèvent et croissent si rapidement , qu'elles rapportent dans l'année même du semis. L'espèce de la plante et la nature du sol, rendent la fructification plus ou moins prompte.

Il est des cotonniers qu'on arrache au bout de l'année, il en est d'autres qu'on laisse en place deux ans et plus. En les recépant, ces derniers donnent un bien plus grand produit. La crue des cotonniers est arrêtée entre cinq et six pieds , afin de pouvoir recueillir plus facilement les flocons à mesure que les fruits s'ouvrent.

Le coton est recueilli aussitôt que les fruits

parviennent à leur maturité , et que leur épanouissement livre passage au duvet. Les flocons étant recueillis , sont exposés au soleil sur des claies , pour achever leur exsiccation ; puis on les bat pour en chasser la poussière et la terre qui s'y sont attachées lorsque , par excès de maturité , les flocons sont tombés d'eux-mêmes.

Pour séparer le coton de la graine , on fait usage de deux machines extrêmement simples. La première (1) est un petit moulin composé de deux cylindres cannelés , soutenus horizontalement : ils pincent le coton qui passe entre leurs surfaces , et le dégagent de sa graine dont le volume est plus considérable que la distance des rouleaux. Les cylindres tournent en sens contraire, au moyen de deux roues mises en mouvement par des cordes attachées à un même marche-pied ; un homme les fait agir avec le pied, tandis qu'il présente avec les mains le coton aux rouleaux , qui le saisissent et l'entraînent d'un côté. La graine tombe du côté opposé , le long d'une tablette inclinée. La seconde machine , consiste en deux rouleaux , qui tournent horizontalement , et qui sont mis en mouvement

---

(1) M. de Lasteyrie, *loc. cit.* p. 248, donne la description de cette première machine qu'il a fait graver. C'est la troisième et dernière planche de son ouvrage.

avec le pied et une manivelle, pareille à celle dont se servent les rémouleurs. Les rouleaux sont assez rapprochés, pour que le coton seul puisse passer entre eux ; les graines sont repoussées au dehors, et tombent sur le devant des rouleaux. D'autres machines ont été essayées, mais aucune n'a rempli son objet comme celles dont il vient d'être parlé.

Etant ainsi nettoyé, le coton est foulé à force de bras, dans un grand sac de toile ; on double l'action des bras, en les armant de pilons de bois. Le sac est alors suspendu, et fortement attaché à quatre piliers ; étant rempli, il forme ce que, dans le commerce, on nomme une balle de coton.

Les deux ennemis du cotonnier sont la chenille et la punaise ; et lorsque ces insectes exercent leurs ravages, ils anéantissent des récoltes entières (1).

Toute terre n'est pas bonne pour le cotonnier, il importe beaucoup de la savoir bien choisir ; les terres fortes l'étouffent, les terres légères et sablonneuses ne lui fournissent pas

---

(1) Lasteyrie, *loc. cit.* p. 219, cite encore le grillon des champs, le crabe de terre, l'araignée des oiseaux, l'a-paté moine, le puceron, la punaise rouge des bois, et la fourmi.

assez de substance. Les lieux humides ou élevés nuisent aux cotonniers, les pluies les détruisent en attaquant les capsules qui tombent sans s'ouvrir. Enfin, la préparation et le choix de la graine n'intéressent pas moins que le choix du terrain où l'on doit la semer.

Considéré comme substance végétale, le coton tient de la nature du bois ou fibre ligneuse ; sa distillation dans un vaisseau fermé, donne les mêmes produits, et presque dans les mêmes proportions que les bois durs et pesans. Cette substance jouit d'une grande affinité pour les terres et les oxides métalliques, particulièrement pour l'alumine et le fer. C'est sur cette affinité très-remarquable que porte la théorie et la pratique de l'art d'imprimer les calicots.

Peu altérable par sa nature, le coton reste insoluble dans l'eau et dans la plus grande partie des agens chymiques étendus d'eau. L'acide nitrique (1) le convertit en divers acides végétaux. L'acide sulfurique (2) agit sur le coton de la même manière qu'il le fait sur la fibre ligneuse. Tous deux sont décomposés ; le charbon est mis à nu, et il se dégage de l'acide sulfureux.

---

(1) Anciennement, acide nitreux.
(2) Anciennement, acide vitriolique.

Le coton est encore remarquable par la beauté
du blanc qu'il acquiert, lorsqu'on l'expose alternativement à l'action des alkalis et de l'oxigène
de l'atmosphère, ou à celle des alkalis et du
chlore, jadis fort mal à propos appelé acide
muriatique oxigéné.

Dans les pays où le cotonnier est cultivé, les
feuilles et les graines de cet arbuste sont employées comme plantes médicinales. La bourre
qui environne la graine du coton herbacé s'emploie fréquemmeut dans l'usage extérieur, et on
l'a fait avaler aux oiseaux de proie, avec les
médicamens qui doivent les purger. Les feuilles
du coton en arbre étant broyées et employées
en onction sur la tête avec du lait de vache,
procurent le sommeil, appaisent le mal de tête
et le vertige. Les Indiens, comme les Américains, en appliquent les feuilles vertes sur les
plaies nouvelles, qu'elles rafraîchissent et guérissent promptement. Enfin, les fruits broyés
et bus dans l'eau, guérissent de la dissenterie.

Quoiqu'il en soit, il paraît que le coton mis
sur les plaies en forme de tente y occasionne
l'inflammation (1). Leuwenhoeck qui a recher-

____

(1) Je trouve dans M. de Lasteyrie, que les Turks se
servent de coton pour faire de la charpie au lieu des fila-

ché la cause de cet effet au microscope, a trouvé que les fibres du coton avaient deux côtés plats, d'où il a conclu qu'elles avaient comme deux tranchans ; que ces tranchans plus fins que les molécules dont les fibres charnues sont composées, plus fermes et plus roides, divisaient ces molécules, et, par cette division, occasionnaient l'inflammation (1).

La graine du cotonnier étant composée de vésicules remplies d'une substance huileuse, a des propriétés qui la rendent propre à plusieurs usages. Soumise à la presse, on en obtient une huile particulièrement destinée à l'éclairage, mais qui paraît avoir l'inconvénient de produire une mauvaise odeur. Suivant Thumberg, les Japonais s'en serviraient pour la cuisine.

---

mens de vieux linges. Nos médecins d'Europe n'admettent point cette propriété, et prétendent qu'il occasionne de l'inflammation. M. de Lasteyrie désire que cette expérience soit répétée.

(1) La surface de la fibre du coton a une rigidité et une rudesse qui augmentent les frottemens entre ces fibres. Telle est sans doute la cause pour laquelle il n'est pas convenable pour faire de la charpie et autres appareils pour les plaies. Cependant cette rigidité rend le coton très-propre pour la filature. Le peu de longueur de sa fibre est encore une qualité favorable ; car si la fibre avait trois fois plus de longueur, la fabrication deviendrait fort difficile.

Les Brésiliens et les habitans d'Amboine, mangent cette graine, après l'avoir réduite en une espèce de bouillie. Au surplus, les bœufs, les vaches, les chevaux, la volaille la recherchent et en sont très-friands.

Formant un excellent engrais, les Espagnols achètent assez chèrement cette graine pour en composer des fumiers. Cette propriété fécondante doit-être d'autant plus active, que l'huile qu'elle contient a beaucoup de mucilage. Enfin, le bois du cotonnier sert encore de combustible; il jette une flamme éclatante, mais de courte durée.

Le coton des différentes parties du globe varie extrêmement par la couleur, la longueur, la finesse et la force de la soie. Il est le produit de différentes espèces, ou variétés de cotonniers; et sans adopter entièrement l'hypothèse de M. Quatremère - Disjonval, on doit admettre que la diversité du climat exerce une grande influence sur la texture et la qualité du coton.

Les observations de ce savant ont été couronnées par l'académie des sciences de Paris (1);

---

(1) L'académie des sciences de Paris avait proposé pour prix de physique, en 1781, les questions suivantes :

1º Déterminer par des caractères constans, faciles à saisir même par ceux qui n'ont pas fait une étude particulière elles établissent que les pays placés sous l'équateur, ou du moins qui en sont très-rapprochés, sont ceux dont le coton doit être regardé comme le type par excellence. Il est remarquable, dit-il, par la finesse de sa fibre soieuse, par l'intensité de sa couleur particulière, par la hauteur et la durée de sa plante. A proportion que l'on s'éloigne de l'équateur, continue, M. Quatremère, ces caractères particuliers disparaissent; la fibre grossit, la couleur est parfaitement blanche; sur les côtes de la Méditerranée on voit le haut et vigoureux arbre de l'Indoustan n'être plus qu'un arbrisseau annuel et presque déformé.

M. Quatremère a sans doute combattu avec beaucoup d'adresse les objections contre son

de la botanique, les différences qui existent entre les divers cotonniers d'Asie, d'Afrique et d'Amérique.

2° Indiquer l'état naturel du coton dans sa coque après la maturité, son adhérence à la graine, la matière dont ses brins enveloppent les graines, afin d'en déduire le meilleur procédé pour les en séparer dans leur plus grande longueur.

3° Etablir, d'après les preuves suffisantes, les rapports des degrés de finesse, de blancheur, de longueur et de ténacité qui sont propres aux brins de chaque espèce de cotonnier, ainsi que le rapport de ces qualités avec la perfection des filatures.

système, par la comparaison qu'il a faite des cotons de l'Amérique méridionale et de l'Amérique septentrionale, avec ceux de l'Inde et du Levant ; mais ses raisonnemens sont trop généraux. On a prouvé que ce système de dégradation continue pour la perfection de la plante, la couleur, la finesse du fruit, depuis l'équateur vers les pôles, n'existe pas dans la nature. Ce système est entièrement renversé par les caractères constans, que je déduirai des variétés principales du coton, qui sont maintenant reconnues par le commerce.

Il est vrai de dire que le coton le plus fin, et dont la nuance est en même temps la plus intense, est celui qui nous est apporté des régions situées entre les deux tropiques. Les fabriques de l'Inde, dont les produits si délicats n'ont pas d'égaux, les nankins de l'Inde et de la Chine, en sont une preuve constante. Néanmoins, le coton qui produit ces beaux ouvrages n'est pas exporté ; il est même inconnu dans le commerce, parce qu'il reste dans le pays pour alimenter les fabriques. Les cotons du Bengale, de Madras, de Surate, sont à peine teints de jaune. Le royaume de Siam, célèbre par ses nankins, l'est également par son beau coton blanc, qui, depuis long-temps, a été transplanté dans l'Amérique et dans les Antilles. Les parties maritimes de la Géorgie et les îles qui en dépendent placées sous le 33ᵉ degré latitude nord (1), et

---

(1) Voici encore un nouvel argument contre le système de M. Quatremère Disjonval. Depuis long-temps la culture du coton était pratiquée au Mexique, à la Louisianne, dans les deux Florides et la Géorgie. En prenant pour ligne de démarcation les états compris depuis le trente-troisième degré de latitude et qui s'étendent plus avant vers le nord, on trouvera cette culture établie dans les pays suivans : 1º La Caroline du sud, commençant au trente-deuxième degré et qui se prolonge jusqu'au trente-cinquième degré; 2º La Caroline du nord, située entre le trente-troisième degré cinquante minutes, et le trente-sixième degré trente minutes ; 3º la Virginie qui s'étend du sud au nord, depuis le trente-sixième degré trente minutes, jusqu'au quarantième degré trente minutes. Enfin, la quantité de coton produite par la Virginie, forme un objet important de commerce. La culture du coton a rapporté de si grands bénéfices aux propriétaires du sud des États-Unis, qu'ils ont excité l'émulation des autres propriéraires de la partie du nord. Dans le Délaware et le Maryland, compris l'un du trente-huitième degré vingt-neuf minutes, au trente-neuvième degré cinquante-quatre minutes, et l'autre, du trente-septième degré cinquante-six minutes, au trente-neuvième degré quarante-quatre minutes latitude nord, on cultive le coton avec succès. Qu'il suffise de dire que l'Amérique septentrionale exportait en 1790, pour cent mille francs de coton; aujourd'hui, elle en exporte annuellement pour la somme de quatre-vingts à cent millions.

4.

par conséquent dix degrés au-delà du tropique, produisent un coton bien supérieur à celui de la Guyanne, directement placée sous l'équateur. Les parties intérieures de cette province et le pays qui est au midi, au-dessous de l'embouchure du Mississipi, produisent un coton de la plus grande blancheur, mais fort inférieur sous les rapports de la force et de la finesse.

Dans le commerce le coton est classé suivant sa couleur, la force, la finesse et la longueur de sa soie. Le coton blanc est, en général, regardé comme étant de seconde qualité ; ceux de toutes les parties du Levant sont remarquables par leur manque de couleur. La plus grande partie des cotons des deux Amériques et des Antilles, sont également blancs, tels sont ceux de la Nouvelle-Orléans, de Ténessée et de la Géorgie supérieure.

Lorsque le jaune du coton n'est pas l'effet d'un accident, soit de l'humidité, soit d'une saison contraire, il est alors le signe certain d'une grande finesse dans la soie. Le coton des deux Amériques et des Antilles est appelé *jaune*, et cette nuance approche plus ou moins de celle de la crème ou du beurre. Le coton de l'Inde a une légère teinte aurore. Le beau coton de Géorgie longue-soie, quoiqu'il ne soit pas de couleur jaune, porte cependant une teinte particulière qui le distingue du coton blanc, cultivé dans le même pays.

On trouvera dans les tableaux qui vont suivre la liste des cotons et de leurs variétés. Ils sont classés suivant leurs qualités ; j'y joindrai de courtes remarques sur leur valeur et les signes auxquels on peut reconnaître ses qualités.

Liste par ordre alphabéthique des pays où se cultivent les cotons.

Adenos.
Alep.
Alexandrie.
Almunécar.
Altah.
Antigoa.
Archipel.
Bahama.
Bahya.
Barbade.
Basilicate.
Bendir.
Bengale.
Berbice.
Bourbon.
Calabre.
Camouchi.
Caracas ou Caraque.

Caroline.
Carthagène.
Cassabar.
Castellamare.
Cayenne.
Cayes.
Céara.
Chypre.
Cuba.
Cumana.
Curaçao.
Délaware.
Démérary.
Dénia.
Dominique.
Egypte.
Elche.
Esséquiba.

Fernambouc.
Géorgie.
Giron.
Grenade.
Guadeloupe.
Guyanne.
Hauchois ou Ouchous.
Idelep.
Jamaïque.
Kinick ou Kining.
Kirkagach.
Laguira.
Lecce.
Lima.
Lipari.
Louisianne.
Macédoine.
Madagascar.
Madras.
Malaga.
Malthe.
Manille.
Maragnan.
Maroc.
Martinique.
Maryland.
Minas-Géraès.
Mont-Serrat.
Motril.
Natolie.
Nouvelle-Orléans.

Orénoque.
Para.
Porto-Rico.
Pouille.
Rio-Janéiro.
Saint-Barthélemy.
Saint-Christophe.
Saint-Domingue.
Sainte-Lucie.
Saint-Thomas.
Saint-Vincent.
Salonique.
Santorin.
San-Yago.
Sénégal.
Seyde.
Siam.
Sicile.
Sierra-Leone.
Smyrne.
Souboujac.
Surate.
Surinam.
Syrie.
Tabago.
Ténessée.
Thoomel.
Tortola.
Tricala.
Trinité.
Velez-Malaga.

Liste des cotons suivant leurs qualités. (1)

Géorgie, longue-soie.
Bourbon.
Camouchi.
Maragnan.
Motril.
Bahya.
Fernambouc.
Minas-Géraès.
Cayenne.
Porto-Rico.
Surinam.
Démérary.
Esséquiba.
Para.
Curaçao.
Berbice.
Lima.
Saint-Domingue.
Orénoque.
Martinique.
Guadeloupe.
Barbade.
Jamaïque.

Saint-Christophe.
Sainte-Lucie.
Saint-Thomas.
Grenade.
Saint-Vincent.
Dominique.
Tortola.
Mont-Serrat.
Bahama.
Castellamare.
Pouille.
Sicile.
Louisianne.
Nouvelle-Orléans.
Manille.
Caroline.
Géorgie, courte-soie.
Ténessée.
Cuba.
San-Yago.
Caracas ou Caraque.
Carthagène.
Giron.

______

(1) MM. Andelle, Beck, Marcus et plusieurs autres négocians et courtiers m'ont fourni les renseignemens les plus utiles; c'est d'après leurs conseils et leurs notes que j'ai dressé cette liste des cotons. Je les prie ici d'agréer l'hommage de ma reconnaissance.

Cumana.
Laguira.
Antigoa.
Malthe.
Sénégal.
Souboujac.
Kinick ou Kining.
Kirkagach.
Rio-Janéiro.
Smyrne.
Macédoine.
Ou hous ou Hauchois.
Tric la.
Alexandrie.
Alep.

Chypre.
Salonique.
Thoomel.
Surate.
Madras.
Siam.
Bengale.
Trinité.
Seyde.
Cassabar.
Bendir.
Idelep.
Adénos.
Altah.
Céara.

REMARQUES SUR LES DIVERSES ESPÈCES DE COTON.

Avant que d'entrer en matière, on voudra bien observer que toutes les espèces de cotons se divisent en trois qualités, auxquelles les négocians ont donné les noms suivans : *fleur de marchandise*, ou première qualité, la plus belle, la plus longue, la plus propre marchandise de choix, qui produit peu de duvet, peu de déchet, et qui sert pour la chaîne; *qualité marchande*, ou seconde qualité, celle qu'on emploie ordinairement dans la fabrique pour la trame; *qualité inférieure*, ou troisième qualité, qu'on emploie aussi pour la trame, mais pour

les gros numéros, pour les moletons, les couvertures, etc.

GÉORGIE-LONGUE-SOIE , en anglais, *sea Island-
Georgia*, coton maritime de Géorgie (1).

C'est le coton le plus fin et qui file le plus fin.
Les côtes maritimes de la Géorgie le produi-

---

(1) Le colonel John Purry , Suisse de nation , est auteur d'un mémoire sur la colonisation de la Géorgie , lequel fût présenté au duc de Newcastle , secrétaire d'état
sous le règne de Georges I. Outre sa demande de colo-
niser, Purry, établissoit et démontrait qu'il existe sur le
globe certaines latitudes dont l'heureuse température,
également éloignée des grandes chaleurs et des froids
excessifs, est plus convenable que toute autre à certaines productions. Dans l'aperçu qu'il en donne , il place
en première ligne la soie , l'indigo et le coton.
Le 33e degré de latitude , soit au nord , soit au sud de
l'équateur est celui auquel Purry attribue particulièrement
cette propriété. Quelques années après la publication de
son mémoire , il alla s'établir dans la Géorgie emmenant
avec lui un grand nombre de ses compatriotes et des étrangers qui avaient désiré le suivre. Il se plaça sur les rives
de la Savannah , qui sépare la Géorgie , de la Caroline et
fonda la ville de Purrysburg , qui y a perpétué son nom.
Purry prouva jusques à un certain point la justesse de son
opinion , en introduisant dans la Géorgie la culture des
objets qu'il avait désignés , et qui, dans la suite, sont
devenus la principale richesse de ces contrées.

sent, et il croît dans toutes les petites îles qui en dépendent. Sa soie est fort douce , fine , mais un peu sèche à l'œil et au toucher. Moins blanc que le bourbon, moins jaune que le démérary , le géorgie longue-soie est d'une couleur que les négocians nomment beurre terne. Ce coton est quelquefois sale , mais ses bonnes qualités le font préférer à toutes les autres espèces, auxquelles il est supérieur par la finesse et par le prix. C'est celui des cotons qui se vend le plus cher. Les balles du géorgie longue-soie sont de forme ronde et du poids de 125 à 150 kil. L'emballage est fait de grosses toiles grisâtres.

BOURBON (1).

Les balles dans lesquelles on l'expédie sont de forme quarrée et du poids de 100 à 200 kil. L'emballage est une espèce de natte faite d'écorce de palmier ou de cocotier.

Le bourbon est le plus uni , le plus égal des

---

(1) Le cotonnier de l'île de Bourbon fut envoyé vers 1795 ou 96 par le célèbre Joseph Banks à un propriétaire de l'île d'Exuma. Quelque temps après le colonel Brown envoya exprès un bâtiment de Chicos pour s'en procurer des semences. Cette culture d'abord établie à Chicos a été répandue de ce lieu dans toutes les îles voisines. Voyez *du Cotonnier et de la culture*, par M. de Lasteyrie, p. 93.

cotons : il est très-propre, et sa consistance est fine et soieuse. Cette espèce vient après le géorgie longue-soie et le bahya.

Il existe deux sortes de soie dans le bourbon : l'une de couleur jaune, très-peu employée dans la filature, et l'autre aussi blanche que les cotons du Levant; mais il y a beaucoup de choix dans cette dernière espèce, dont la laine peut se filer très-fin.

BAHYA.

Ce coton du Brésil qui ressemble au maragnan, et qui l'emporte sur lui, peut être considéré comme la troisième qualité; il est également très-estimé dans le commerce. Sa soie étant plus fine que celle du fernambouc, il peut être filé plus fin. Les balles dans lesquelles le bahya est toujours foulé, sont marquées d'un B couronné, et pèsent ordinairement de 60 à 90 kil. L'emballage est en grosse toile de coton, du poids d'un kil. à 1 kil. 50 déc.

MARAGNAN, en anglais, *Maranham*.

Ce coton du Brésil est plus chargé d'ordures, de graines et de coton mort que le fernambouc et le bahya; aussi la soie en est-elle moins estimée. Le coton de maragnan qui tient beaucoup du bon démérary, et qui est employé aux mêmes usages, est toujours foulé dans les balles, qui sont marquées d'une M couronnée, et du poids de 60 à 90 kil., et emballées comme le fernambouc et le bahya.

MOTRIL (1).

Cette espèce est fort estimée par la finesse de sa soie, qu'on peut filer très-fin. Je ferai seulement observer que, pour bien carder ce coton, il faut que le poids de la nappe soit d'un huitième moins fort que celui des autres cotons fins.

FERNAMBOUC, en anglais, *Pernambuca*.

Le coton fernambouc, dont l'emballage est de grosse toile, pesant 1 kil. à 1 kil. 50 déc., est envoyé dans des balles rondes ou quarrées, du poids de 60 à 90 kil. Ces balles sont marquées d'un P couronné, marque exigée par le gouvernement portugais, avant de sortir du Brésil. Les balles quarrées renferment le coton en pelottes, de la grosseur du poing; c'est, à ce qu'il paraît, le produit de chaque coque, contenant cette espèce de coton. La meilleure qualité de fernam-

---

(1) On comprend sous cette dénomination les cotons d'Elche, de Dénia, dans le royaume de Valence; de Motril, de Malaga, de Velèz-Malaga, de Torros, d'Almunécar, etc., dans le royaume de Grenade.

bouc se trouve toujours dans les balles quarrées,
lesquelles sont aussi toujours plus serrées. Dans
les balles rondes, le coton est assis par couches,
et cette dernière qualité est moins estimée que la
première.

Au surplus, les cotons de Fernambouc sont
fort estimés dans le commerce, tant par leur
propreté, par la force et la longueur de leurs
filamens, que parce qu'ils ne grossissent point
à la teinture, ni au blanchiment. Les Anglais
l'emploient préférablement aux autres espèces
pour la fabrication des bas.

CAYENNE.

Le cayenne est plus blanc que le fernambouc.
Sa soie moins fine, presque aussi longue, est
par cela même plus rude et plus sèche au toucher. La beauté de ses fibres, la propreté de sa
laine le font préférer au surinam. Le cayenne
est emballé dans des grosses toiles grises; les
balles dans lesquelles le coton est seulement
foulé, et non par petites pelottes, sont rondes et
longues, sans marque, et du poids de 125 à
150 kil. L'intérieur n'étant pas toujours propre,
il y a toujours beaucoup de choix, parce que
les ordures, payées pour marchandise, produisent par fois un déchet assez considérable.

SURINAM.

Il se confond avec le cayenne, avec lequel il beaucoup de ressemblance. La soie en est longue, nette et jaune. Les balles du même poids de 125 à 150 kil. sont seulement plus courtes, quelquefois quarrées, et le coton est mieux foulé. Le surinam que les Anglais filent très-fin, est particulièrement destiné pour la fabrication des bas.

DÉMÉRARY, BERBICE, ESSÉQUIBA.

Ces trois cotons, dont la soie est plus courte que les cotons précédens, se confondent encore dans le commerce. La qualité du démérary est extrêmement tombée depuis que cette colonie est passée au pouvoir de l'Angleterre. Le meilleur coton qu'elle produit offre une assez longue fibre, fine et soieuse, qui est assez estimée. Les basses qualités sont brunes, sales, grossières, et surtout très-mélangées. Il en est de même du berbice, dont la qualité, depuis l'année 1800, est devenue très-inférieure à ce qu'elle était précédemment. Son meilleur coton était assez fort, et la fibre était soieuse et nette. Mais, depuis l'époque précitée, cette fibre est devenue brune, sale et mélangée. Les balles qui les renferment sont de forme quarrée ou ronde. On préfère les premières pour la qualité, qui est facile à reconnaître à sa couleur jaune beurré, et quelquefois nankin. Des filateurs estiment aussi le coton blanc qui est généralement aisé à filer.

SAINT-DOMINGUE, LA GUADELOUPE.

Tous les cotons des Antilles sont généralement compris sous cette dénomination. Ils exigent un grand choix étant souvent fort propres, mais aussi souvent très-sales. Les premières qualités peuvent égaler le démérary, le surinam et le caracas. Les balles en grosses toiles grisâtres, pèsent en général de 100 à 150 kilogrammes.

Les meilleures espèces de cotons des Antilles, proviennent de graines apportées de l'île Bourbon et cependant lui sont très-inférieures. Le bahama dont la fibre est courte, mais forte, a de la consistance ; la qualité quoique souvent très-sale, est fine et soieuse. Le barbade forme une bonne qualité moyenne ; sa fibre n'est pas fort longue, mais elle est soieuse et passablement forte : il est seulement à regretter qu'on rencontre dans les balles une si grande quantité d'ordures, d'écailles et de graines noires. Le jamaïque, qui est d'une qualité très-inférieure est, peu cultivé. On distingue dans le jamaïque la longue-soie qui est très-faible et la courte-soie qui est pauvre et sale. Le saint-christophe (saint-kitt's) également peu cultivé, est en général brun et sale, mais il a une belle soie. Il en est de même pour les cotons de Sainte-Lucie et de Saint-Thomas. Le curaçao (cariacou) et le grenade ont le brin grossier, mais net ; la soie en est belle et longue ; les fabricans de bas en Angleterre, mêlent ces deux espèces avec un coton fin, tel que le fernambouc. Le saint-vincent a une haute couleur, une soie nette, mais peu fine, relativement à sa grandeur. Cette île produit beaucoup de coton. L'antigoa, le tortola, le montserrat, le dominique cultivent peu le coton qui a les mêmes qualités que le saint-christophe. Le martinique, le guadeloupe et le tabago, forment une bonne qualité moyenne. Enfin, le coton de la Trinité a la soie courte et généralement très-mal-propre. Les cotons des Antilles sont presque tous expédiés pour la France, aussi en vient-il fort peu en Angleterre.

CASTELLAMARE.

La soie de ce coton, moins fine que celle du louisianne, mais plus nerveuse, est très-propre ; elle se file très-bien, et on la porte du n° 80 à 100.

LOUISIANNE.

Cette espèce qui est d'un beau blanc bleuâtre et dont la blancheur surpasse celle du géorgie courte-soie, demande également beaucoup de choix, tant pour la qualité de la soie que pour la propreté.

L'emballage est fait de grosses toiles grisâtres et les balles de forme ronde, pèsent ordinairement de 130 à 180 kilogrammes. On y trouve souvent une grande quantité de graines noires et vertes ; elles sont tellement adhérentes au coton, qu'elles augmentent la difficulté de l'épluchement.

CARACAS OU CARAQUE, GIRON, CUMANA, LAGUIRA.

Ces cotons, ordinairement sales et jaunes, produisent beaucoup de déchet, parce qu'ils sont emballés mouillés et en plaques très-serrées. Les gros grains noirs et durs dont ils sont remplis, sont cause qu'on tire difficilement parti du déchet. Ces différentes espèces sont enfermées dans des petites balles quarrées, du poids de 45 à 50 kil. L'emballage est de grosse toile ou de cuir de bœuf dit de Buénos-Ayres.

CARTHAGÈNE.

La soie de ce coton est plus sale et moins fine

que celle du caracas; mais elle est plus longue et a plus de consistance. Le carthagène ne doit pas être battu à la baguette, parce qu'il se corderait et deviendrait très-difficile à éplucher. Ce coton étant bien ouvert et surtout bien épluché, peut être filé très-fin, à cause de la force de sa soie. Mais il faut faire observer, pour en tirer tout le parti convenable, qu'il importe de le faire passer deux fois à la carde en gros. Les balles, de forme ronde, pèsent en général de 125 à 150 kil. L'emballage est de grosse toile grisâtre.

CAROLINE.

Cette espèce est plus belle que le géorgie courte-soie, et lui est préférée ; les balles de forme quarrée, moins fortes que les balles de louisianne, sont du poids de 100 à 140 kilogrammes.

TÉNESSÉE ET NOUVELLE-ORLÉANS.

Ces deux espèces ont les mêmes qualités et défauts du géorgie courte-soie. Le ténessée est en général plus net, plus propre et quelquefois d'une meilleure fibre. Le coton de la Nouvelle-Orléans l'emporte sur le géorgie courte-soie et sur le ténessée. Mais la fibre de ces trois espèces de coton est ordinairement faible, si on la compare avec celles des cotons des Antilles et du géorgie longue-soie. Les fils qui proviennent de ces trois espèces , ne pouvant pas éprouver un haut degré de torsion , sont destinés à fabriquer des marchandises d'une qualité inférieure. Enveloppées de grosses toiles grisâtres , les balles de forme ronde , pèsent de 125 à 150 kilogrammes.

GÉORGIE COURTE-SOIE, en anglais *Upland Georgia or bowed, Haute-Géorgie.*

Ce coton , dont la soie est courte et blanche dans sa qualité, est généralement assez sale. Il est le produit des districts intérieurs du pays, et il est très-inférieur au géorgie longue-soie. On peut attribuer cette infériorité soit à la qualité du sol , soit au défaut de culture. Ce coton est léger et molasse ; la fibre en est faible et inégale , les longues et les courtes y sont entremêlées, aussi est-il destiné pour servir aux numéros peu élevés. Les Anglais et les Américains lui ont donné le nom de *bowed georgia*, à cause d'un instrument fait en forme d'archet dont les cultivateurs se servent pour le nétoyer.

KIRKAGACH.

Cette espèce est de la même qualité que le macédoine; sa soie est plus sale, plus frisée, plus grosse, moins boutonneuse et nécessairement plus aisée à carder. L'emballage du kirkagach est en crin, et les balles pèsent de 125 à 150 kilogrammes.

5.

SOUBOUJAC ET KINICK.

C'est la première qualité des cotons du Levant, tant par la bonté de sa soie que par sa blancheur et sa propreté. On sait qu'ordinairement les cotons du Levant sont pleins d'ordures, par conséquent très-difficiles à battre et à éplucher.

Le coton de Kìnick ou de Kininck qui est d'une qualité inférieure, se vend souvent pour du souboujac; en effet, il est facile de s'y méprendre. L'emballage de ces cotons est en grosse toile grise ou en crin, et le poids des balles est de 125 à 150 kilogrammes.

RIO-JANÉIRO.

Ce coton du Brésil est fort brun et sa qualité très-inférieure au fernambouc, au maragnan et au bahya. Il est sale, rempli d'épluchures, de coques de la plante et de graines. C'est pour cela qu'il est généralement employé comme les basses qualités des Antilles. Le rio-janéiro est foulé dans des balles rondes, du poids de 60 à 90 kilogrammes; l'emballage est en grosse toile de coton, du poids de 1 kilogramme à 1 kilogramme 50 décagrammes.

MACÉDOINE.

La soie du macédoine en général rude et frisée, remplie de petits boutons blancs, est très-dif-

ficile à carder. Les balles pèsent de 60 à 90 kilogrammes. Leur emballage est en crin, assez
souvent fermé aux deux bouts par des joncs. Le
coton de Macédoine s'emballe encore de deux
manières; dans la première, le coton est mis en
bottes de 2 à 3 kilogrammes liées avec des joncs :
cette espèce est préférable; dans la seconde, le
coton est simplement foulé comme d'autres espèces.

Dans le choix de la qualité et de la netteté du
macédoine, il y a une différence assez sensible
sur une livre de marchandise.

On confond sous le titre de coton de Macédoine, le hauchois et l'altah, qualités qui en ap-
prochent, mais qui lui sont inférieures.

SMYRNE.

Le coton de Smyrne est d'une espèce courte
et mousseuse; il est ordinairement assez sale,
mais il a plus de corps que le géorgie courte-
soie. Les Anglais l'employent pour en faire des
mèches de chandelles.

SURATE.

Ce coton dont les balles pèsent de 100 à 200 kilogrammes, est emballé dans une espèce de
natte faite d'écorce de palmier ou de cocotier,
Sa qualité est inférieure. Le surate a la fibre fine

mais excessivement courte ; il est ordinairement malpropre, et contient des feuilles et du sable. La soie en est sèche et jaunâtre ; aussi ne l'emploie-t-on que pour de très-bas numéros, pour les marchandises grossières et de peu de valeur.

Le bengale, pareil au surate, est encore plus court, mais aussi il est plus net ; il se vend à peu près au même prix.

Le madras provient en grande partie de graines de l'île Bourbon, et quelquefois lui ressemble ; mais ce coton toujours sale, est rempli de malpropretés qui lui font perdre une partie de sa valeur. Plus cher que le surate, le madras bien choisi atteint le prix du coton des Antilles.

Les observations précédentes ont principalement pour but de donner une idée générale de la valeur des différentes espèces de coton, plutôt que d'en faire des descriptions exactes et précises. On sait que plusieurs causes influent sur le coton et s'opposent à leur invariabilité ; telles sont les mauvaises saisons, l'épuisement des sols ou des préparations et des cultures mal dirigées.

Après avoir apprécié la valeur commerciale des cotons, je les ai placés dans l'ordre qu'ils y gardent, et certe cet ordre ne ressemble nullement à celui qui a été donné par M. Quatremère-Disjonval dans son système de dégradation ; en y portant l'attention la plus légère, on s'apercevra facilement que l'ordre que j'ai adopté, forme au contraire un contraste assez curieux avec celui qui a été suivi par ce savant. Voici cet ordre :

Les cotons géorgie longue-soie, bourbon, maragnan, bahya, fernambouc, cayenne, surinam, démérary, curaçao, berbice, bahama, grenade, barbade, louisanne, et le meilleur des Indes-Occidentales; le giron, et le meilleur des Espagnols. Les cotons jamaïque, saint-christophe, nouvelle-orléans, le smyrne, et l'inférieur des Indes-Occidentales; le géorgie courte-soie, le Caraque, le carthagène, et l'inférieur des Espagnols; enfin, le surate, le madras et le bengale.

La valeur relative du coton dans la première moitié de cette série, est assez constante et se trouve ici assez bien exprimée ; dans l'autre moitié les variétés diffèrent considérablement. J'établis cette valeur relative par une moyenne proportionnelle, résultat de la comparaison faite des prix de différentes espèces pendant la durée de plusieurs mois.

Il est nécessaire de faire observer que l'infériorité du prix des cotons des Indes-Orientales, tels sont ceux de Surate, de Madras, du Bengale, provient particulièrement du court excessif de sa fibre, qui est cependant fine et soieuse. Le défaut de longueur de ces cotons ne les rendent pas propres à être traités par la méthode de filage mécanique. Il est pourtant certain que, dans l'Indoustan, les naturels employent ces cotons pour fabriquer leurs plus belles mousselines.

La première importation en Angleterre du coton des Indes-Orientales eut lieu dans le courant de l'année 1798 ; il ne fut point amené par la compagnie des Indes , mais par une société privilégiée de marchands. La cargaison apportée par le vaisseau *la Renommée (the Fame)*, fut évaluée à dix mille livres sterlings; cette cargaison produisit l'énorme somme de cinquante mille livres sterlings. A cette époque, la livre de coton, tant à Londres qu'à Liverpool, se vendait deux sols deux deniers sterlings ; en 1799, le prix baissa jusqu'à dix deniers, et aujourd'hui le coton des Indes-Orientales est le moins estimé.

Cependant à force d'essais et de travaux, on est parvenu en Angleterre et en France à filer assez bien le coton des Indes-Orientales. Malgré le peu de longueur de leur soie, on les porte depuis le n° 20 jusqu'au n° 30. Le champ des découvertes a été amplement moissonné, mais il reste toujours à glaner pour l'homme industrieux.

Tarre des Cotons.

Brésil	— Emballage simple, sans cordes, ni pièces, 4 o/o.
Cayenne Surinam Démérary Berbice	{ Emballage simple, sans cordes, ni pièces, 4 o/o et 6 o/o pour les balles de 5o kil., et au dessous.
Bourbon	— En simple natte, sans corde ni lien, 6 o/o.
Surate	— Avec les cordes, 8 o/o.
Caracas	{ 6 kil. par balles en cuir, de 5o kil. et au dessous.
Guiane	{ 7 kil. par balles en cuir, de 7o à 75 k.
Cumana	{ 4 o/o par balle en toile, de 5o kil. emballage simple et sans corde.
Carthagène	— Simple toile et natte, 6 o/o.
Giron	{ Simple emballage, 4 o/o et un kil. par balle, pour les liens intérieurs en jonc.
Saint-Domingue Guadeloupe Antilles	{ Par balle 4 o/o et 6 o/o par balle de 5o kil., et au dessous.
Motril	— Emballage simple, 4 o/o.
Caroline Louisianne.	{ Cordes d'origine, comprise de quatre à six tours, 6 o/o et même tarre pour les balles avec cercles.
Géorgie	{ En balle, 4 o/o et 6 o/o en balles de 5o kil., et au dessous.
Castellamare Pouille	{ Simple emballage sans corde 4 o/o.

SOUBOUJAC	{ Emballage de crin sans cordes, 6 o/o. { Emballage de toile sans corde, 4 o/o.
KIRKAGACH	— Emballage de crin sans corde , 6 o/o.
SMYRNE SALONIQUE	{ Emballage de crin, 6 o/o.
CHYPRE	— Emballage de toile avec crin , 6 o/o.
MACÉDOINE	{ Sans jonc intérieur , 6 o/o , et un kil. { pour les têtes en joncs lorsqu'il y en a.

Enfin 10 kil. 50 décag. par balle , pour toute tare et pour celles en joncs intérieurs ; le tout sans pièces ni cordes.

On divise les cotons en plusieurs classes, selon la longueur et la finesse de leurs soies.

Longueur des soies de différentes espèces de coton.

	Lignes.		Lignes.
Georgie , longue-soie.	11 à 13	Curaçao.	9 à 12
		Berbice.	9 à 13
Bourbon.	9 à 12	Lima.	10 à 12
Camouchi.	10 à 13	Saint-Domingue.	12 à 15
Maragnan.	10 à 13	Orénoque.	10 à 12
Motril.	11 à 14	Martinique.	12 à 15
Bahya.	12 à 15	Guadeloupe.	12 à 15
Fernambouc.	14 à 17	Barbade.	11 à 13
Minas.	9 à 11	Jamaïque.	9 à 12
Cayenne.	12 à 15	Saint-Christophe.	9 à 12
Porto-Rico.	9 à 11	Sainte Lucie.	9 à 12
Surinam.	11 à 13	Saint-Thomas.	à
Démérary.	10 à 12	Grenade.	à
Esséquiba.	9 à 11	Bahama.	à
Para.	9 à 12	Castellamare.	9 à 12

Pouille.	9 à 11	Malthe.	à
Sicile.	8 à 10	Sénégal.	8 à 10
Louisianne.	8 à 11	Souboujac.	8 à 10
Nouvelle-Orléans.	8 à 11	Kinick.	7 à 9
Manille.	8 à 10	Kirkagach.	7 à 9
Caroline.	8 à 11	Rio-janéiro.	à
Georgie, courte-soie.	8 à 11	Smyrne.	7 à 9
		Macédoine.	7 à 9
Ténessée.	à	Hauchois.	à
Cuba.	à	Tricala.	à
San-Yago.	à	Thoomel.	à
Caracas.	11 à 13	Siam.	à
Carthagène.	9 à 12	Bengale.	à
Giron.	à	Trinité.	à
Cumana.	à	Seyde.	à
Laguira.	à	Altah.	à
Antigoa.	à	Céara.	à

J'ai seulement donné la longueur des soies des cotons les plus employés dans nos manufatures; j'avais demandé des renseignemens sur quelques espèces, malheureusement ils ne m'ont pas été communiqués.

Division des cotons selon la longueur de leur soie.

PREMIÈRE CLASSE.

Géorgie, longue-soie.	Maragnan.
Bourbon.	Bahya.
Camouchi.	Fernambouc.

DEUXIÈME CLASSE.

Cayenne.	Saint - Domingue et Guade-
Surinam.	loupe.
Démérary.	Caracas.

TROISIÈME CLASSE.

Castellamare.	Caroline.
Pouille.	Géorgie, courte-soie.
Louisianne.	Ténessée.

QUATRIÈME CLASSE.

Souboujac.	Smyrne.
Kirkagach.	Salonique.
Macédoine.	Thoomel.

Division des cotons selon la finesse de leur soie.

PREMIÈRE CLASSE.

Géorgie, longue-soie.	Castellamare.
Bourbon.	Louisianne.
Motril.	Pouille.
Bahya.	Carthagène.

DEUXIÈME CLASSE.

Maragnan.	Guadeloupe et Saint - Do-
Fernambouc.	mingue.
Cayenne.	Caroline.
Démérary.	Caracas.

TROISIÈME CLASSE.

Géorgie, courte-soie.	Kirkagach.
Souboujac.	Salonique.
Macédoine.	Smyrne, etc.

Ainsi, comme je l'ai déjà fait observer en commençant ce chapitre, dans chaque espèce de coton, il y a un choix que l'on divise en trois classes différentes, lesquelles ont pour objet, la longueur, la finesse et la qualité de la marchandise. Je m'abstiendrai de parler plus longuement sur la distinction de ces divisions, que l'usage du commerce et l'expérience peuvent seuls apprendre à distinguer et à connaître.

TABLEAU DES COTONS,

SUIVANT LES PAYS OU ILS SONT CULTIVÉS.

Brésil et Amérique-Méridionale.

Fernambouc.	Cayenne.
Camouchi.	Bahya.
Maragnan.	Rio-Janéiro.
Para.	Giron.
Carthagèue.	Cumana.
Surinam.	Caracas.
Démérary.	Laguira.
Berbice.	Esséquiba.

États-Unis.

Géorgie.

Louisianne.

Caroline.

Nouvelle-Orléans.

Ténessée.

Espagne.

Motril.

Elche.

Antilles françaises et espagnoles.

Saint-Domingue.

Bahama.

Trinité.

Barbades.

Jamaïque.

Martinique.

Saint-Christophe.

Cuba.

Sainte-Lucie.

Saint-Thomas.

Curaçao.

San-Yago.

Grenade.

Tabago.

Saint-Vincent.

Antigoa.

Guadeloupe.

Tortola.

Mont-Serrat.

Dominique.

Porto-Rico.

Trinité.

Levant.

Souboujac.

Kirkagach.

Smyrne.

Seyde.

Cassabar.

Bendir.

Idelep.

Adenos.

Macédoine.

Céara.

Salonique.

Hauchois.

Tricala.

Altah.

Malthe.

Kinick.

Alep.	Alexandrie.
Chypre.	

Grandes-Indes.

Manille.	Thoomel.
Madras.	Surate.
Siam.	Bengale.

Colonies d'Afrique.

Bourbon.	Sénégal.

Deux-Siciles.

Sicile.	Castellamare.
Pouille.	

Nous allons indiquer succinctement les principes généraux ou les signes auxquels on peut reconnaître les meilleurs cotons, les plus faciles à filer et les plus propres à donner du beau fil.

On doit choisir la soie la plus longue et la plus douce au toucher, la plus fine et la plus nette; il faut en outre qu'elle ne soit ni frisée, ni boutonneuse. Pour reconnaître ces qualités, le filateur prend une poignée de coton, la serre avec les deux mains rapprochées de telle manière que les deux pouces appuyant sur le coton laissent échapper peu de filamens à la fois; en tirant les soies en sens inverse l'on s'assure de leurs longueurs, et le toucher fait juger de leur douceur, comme la vue de leur finesse. Si l'on désire connaître d'une manière exacte la longueur de la soie de telle ou telle espèce de coton, on réunit les filamens de façon qu'ils ne se dépassent pas. Le filateur prend une pincée de coton et en tire les filamens avec le pouce et l'index de chaque main. Les filamens qui ont échappé sont reportés sur les autres et tirés de nouveau. On répète cette opération jusqu'à ce que les filamens soient tous égaux entre eux, puis on mesure leur longueur qu'on obtient alors d'une manière exacte.

La soie qui, par la longueur de ses filamens, conserve le plus d'adhérence et qui d'ailleurs réunit les autres qualités, doit être préférée. Si l'on approche le coton de l'oreille, en essayant de rompre les filamens, on entendra leur déchirement à proportion de ce qu'ils auront de ténacité. En te dant de la soie frisée, elle se retire sur elle-même et s'échappe aussitôt, au lieu que la soie non-frisée reste dans sa longueur. Indépendamment des filamens, le coton boutonneux est rempli des petit points blancs qui, par leur nature, y adhèrent si fortement, qu'ils ne peuvent en être détachés que par un excellent cardage. Lorsqu'un bouton reste, il paraît sur le fil et le rend inégal à l'endroit où il est attaché et cou-

tenu; enfin dans les filamens qui composen
le fil, il en occasionne souvent la rupture au
tissage.

En mélangeant des cotons d'espèces différentes, le filateur a pour but de donner à la soie
d'une espèce particulière la longueur et la force
nécessaires pour obtenir un fil que cette dernière
n'eût pu produire que très-imparfaitement et à
un numéro moins élevé.

Chez les Anglais, le coton étant parfaitement
nétoyé, on le mélange, c'est-à-dire, que l'on
réunit le contenu de différentes balles, afin d'obtenir dans le travail une qualité constante et
uniforme. La plus grande science du filateur en
Angleterre réside dans cette opération et pour
laquelle il n'y a d'autre guide que l'expérience.

Un mélange judicieux de différentes sortes de
laines donne, chez certains filateurs, un fil de la
plus grande finesse, tandis que ce mélange fait
par des filateurs peu instruits, on n'obtient qu'un
fil grossier, seulement propre à la fabrication
de marchandises communes et à bas prix. Les
filateurs anglais font leurs mélanges en élevant
une pile ou un monceau composé de diverses
couches des variétés qui doivent être mélangées;
ils enlèvent tout à la fois une petite quantité du
coton empilé en raclant les bords de la pile avec
un rateau. Ce rateau étant lancé du sommet à

la base, enleve d'un seul coup des portions de
ces couches de toutes les qualités mises ensemble et le coton se trouve également mélangé.
Alors les cotons de diverses qualités, de couleurs
ou de nuances différentes, sont bien mêlés ensemble. Le coton est ensuite répandu régulièrement sur un drap que l'on roule pour le porter
ensuite à la machine à carder.

Pour obtenir un bon mélange, il faut qu'il y
ait confusion entière entre les divers filamens
des espèces mêlées, en sorte que, dans toutes les
opérations de la filature depuis le cardage, les
espèces mêlées doivent être tellement unies
qu'elles n'en fassent qu'une. Ainsi, les filamens
de huit lignes mélangés avec des filamens de dix
lignes donnent les moyens de filer au même numéro, ce qu'on ne pourrait obtenir avec une
soie de neuf lignes de longueur.

Il importe de mêler ensemble les soies qui
ont entre elles une différence marquée dans leur
finesse et dans leurs qualités autres que la longueur. Ainsi le fernambouc dont la soie est rude
et grosse, indépendamment de la longueur de
ses filamens qui s'y opposent, ne pourrait pas
être mélangé avec le macédoine dont la soie est
également dure et grosse ; la réunion de ces
filamens de même grosseur ne produirait qu'un
fil grossier, dur et velu en comparaison du fil

qu'on obtiendrait avec du coton dont la soie serait plus douce. Quelques filateurs ont pensé que les mélanges ne s'opéraient jamais assez parfaitement pour les faire de soie d'une longueur trop disproportionnée. On sait que l'écartement des cylindres jusqu'à la filature est calculé en raison de la longueur des filamens; donc, dans un mélange de deux soies, l'une de sept lignes, et l'autre de quinze lignes, cet écartement du cylindre sera disposé pour des filamens de onze lignes, terme moyen des deux soies. Il résulte des observations des mêmes filateurs, que, dans les endroits où le mélange n'aura pas été exact, les filamens de quinze lignes seront rompus, et ceux de sept lignes s'échappant des cylindres, ils produiront un fil inégal ou coupé.

Il faut donc toujours mélanger une soie douce avec une soie rude ; il importe que la longueur des filamens des deux soies n'ayent pas plus de quatre lignes de différence.

Je ne pense pas que le filateur trouve de l'avantage dans le mélange des longues soies, s'il veut obtenir un fil très-fin et d'une grande égalité. Le mélange, quelque bien fait qu'il soit, ne produit jamais dans les numéros fins, un fil aussi parfait que celui qu'on obtient d'une seule espèce de coton. Pour avoir du fil, soit dans les bas numéros, soit dans les numéros ordinaires,

6.

on peut mélanger le fernambouc avec le bahya, le cayenne, le caraque ou le maragnan ; ces espèces qui ont la même couleur, se vendent pour du fernambouc, mais le fabricant reconnaît bientôt à la teinture qu'il a été trompé. D'ailleurs on peut mélanger toutes les espèces de longues soies; néanmoins la différence de leur prix d'acquisition n'est pas assez considérable pour offrir un avantage d'intérêt, et puis ce mélange s'oppose à la perfection du fil. On trouve cependant une grande économie dans le mélange des courtes soies. Je vais indiquer, d'après l'expérience et la pratique, les espèces qui peuvent s'allier avec avantage pour la filature.

Le louisianne, mêlé avec le géorgie, peut se filer depuis le n° 80 jusqu'à 100.

Le géorgie courte-soie avec le souboujac, depuis le n° 60 jusqu'à 80, avec du kirkagach ou du macédoine jusqu'au n° 40.

Le louisianne peut se mélanger comme le géorgie courte-soie, et tous les cotons du Levant peuvent se mélanger ensemble.

La meilleure proportion, dans les différens mélanges, est de les faire par portions égales. Cependant des filateurs ont dépassé cette proportion sans avoir nui à la bonté du fil; alors la proportion du mélange doit être plus forte de la moitié en qualité inférieure; on pourra même

la porter aussi loin qu'on voudra pour les numéros au-dessous de 40. La proportion devient
inutile pour les numéros qui peuvent se filer en
coton du Levant, très-bien et sans mélange,
du moins pour la trame. Le mélange d'un
cinquième donnera au fil pour la chaîne
plus de consistance et moins de duvet. En portant la proportion du mélange au delà de la
moitié pour les numéros fins, on peut encore
obtenir un beau fil, puisque cette moitié est de
trois cinquièmes, mais ce fil aura moins de force
que si le mélange était de la moitié.

Le meilleur procédé à employer pour opérer
le mélange du coton, c'est de le soumettre à
l'action de la carde en gros. Le poids de la nappe
étant divisé dans la proportion que le mélange
doit être fait, la soigneuse ou l'enfant qui sert
les cardes met au fur et à mesure sur le derrière
une pincée de chaque espèce de coton de manière à ce que les différentes parties de la pesée
soient épuisées en même temps. En supposant le
coton étendu sur une nappe, avant d'être présenté à la carde, on peut l'étendre par couches,
une de chaque espèce de coton, les unes sur les
autres, ou les unes après les autres. Au moyen
de cette opération, on peut être assuré qu'il
entre au moins pour chaque nappe la proportion du mélange désiré. Jamais le mélange

ne se fait bien au battage, parce que telle espèce de coton facile à s'ouvrir, sera plutôt battue que telle autre avec laquelle on voudrait la mélanger. Il en résultera deux inconvéniens ; ou la première espèce de coton étant trop battue se cordellera, ou la seconde espèce n'étant pas assez battue, elle ne pourra pas bien se mêler. D'ailleurs la négligence du batteur peut avoir des conséquences d'autant plus graves qu'elle portera sur une plus grande quantité de coton.

Ainsi, comme on l'a dû remarquer, le mélange à l'épluchage est impraticable, attendu que l'éplucheur ne devant pas diviser le coton, ne pourrait le mélanger que par poignée ; et rien ne peut faire espérer que ce mélange, tout imparfait qu'il est, fut exactement suivi. Dès lors on acquiert la conviction que la matière serait mauvaise. Il est encore un autre mode de mélange qu'on appelle mélange à brassées dans les cases. Cette méthode est d'autant plus vicieuse que le mélange portant sur une grande masse, on ne peut jamais s'assurer s'il a été fait avec soin ; d'ailleurs comment les filamens qui, par leur nature, sont adhérens, peuvent-ils assez s'ouvrir pour les mélanger ?

CHAPITRE II.

Du Battage et de l'Épluchement.

SECTION PREMIÈRE.

Objet du battage. — Poids de la nappe destinée au battage. — Manière de battre. — Perte que le coton éprouve par le battage. — Du déchet produit par le battage et de son emploi. — Quantité de coton qu'un ouvrier peut battre. — Coton bien battu, marques auquel on le reconnaît. — Ruses des batteurs. — Vérification du travail des batteurs.

L'OPÉRATION du battage a pour objet d'ouvrir le coton en laine afin d'en faciliter l'épluchement, d'en faire tomber les plus grosses ordures, et surtout d'aider à détacher la laine morte, laquelle ne pouvant se filer, nuit considérablement à la qualité du fil.

Le dessous d'un métier à battre, doit toujours être planchéié, ou au moins carrelé.

Les cotons à longue soie, comme les cotons à courte soie, demandent le même battage; il faut cependant faire observer que la première espèce, ayant plus d'adhérence, exige d'être plus battue que la seconde, afin de l'ouvrir au même degré que la courte soie.

On emploie communément pour le battage une nappe du poids de quatre à cinq onces pour les cotons longues soies, et de sept à neuf onces pour les cotons courtes soies.

Sortant de la balle, le coton doit être jonché sur une claie de quatre pieds six pouces de longueur (1 mètre 461 mil.), et de trois pieds six pouces de largeur, (1 mètre 136 mil.). Le batteur muni de baguettes en bois de cornouiller, de quatre pieds de long sur un diamètre de six lignes, frappe alternativement de chaque main sur le coton. Le batteur retire la baguette vers lui, jusqu'à ce que la nappe ou la quantité de coton étendue sur le battoir, soit très-ouverte et qu'elle occupe entièrement la surface de la claie. Parvenu à ce résultat, le batteur retourne la plaque dans tout son ensemble, il en reporte les extrémités des quatre côtés vers le centre; puis il rebat de nouveau la plaque, et pour terminer, il continue de battre fort légèrement.

En supposant que le batteur ait négligé de bien replier le bord de la plaque, que les coups de baguette n'aient pas été donnés d'aplomb ou avec assez de force, que des parties de la plaque ne soient par suffisamment ouvertes, il est indispensable de recommencer le battage.

L'opération du battage terminée, l'ouvrier retourne la plaque, la coupe à la moitié de sa longueur, plie chaque moitié et en forme deux plaques, puis il retire dans les angles et aux extrêmités les flocons de coton qui ne sont pas assez battus. Anciennement le batteur, après avoir replié les quatre extrémités de la plaque vers le centre, à huit pouces environ de chaque bord, la roulait ensuite, de manière qu'elle formait un rouleau de la longueur de quinze à dix-huit pouces.

En Angleterre, le battage appelé *sorting*, en français *assortiment*, offre quelques différences légères. Dès l'arrivée du coton dans la fabrique, on le déballe, on le retourne dans tous les sens, puis on le bat avec un long bâton, et l'on extrait à la main les plus grosses impuretés ; de même qu'en France l'objet de l'*assortiment* est d'assouplir et d'ouvrir la fibre du coton, lequel après cette opération est mis en tas. Le coton ayant été battu, est ensuite porté à la machine à battre, *the batting machine*.

L'action du battage fait éprouver quelque diminution dans le poids du coton, et cette perte est proportionnée au plus ou moins de soins apportés dans la récolte des cotons, et à l'état du coton en balle ; à son espèce , et à sa qualité ; à sa plus ou moins grande maturité.

Résultat du terme moyen du déchet sur cent kil. de chaque espèce de coton.

	k.	d.		k.	d.
Géorgie longue-soie.	1	60	Louisianne.	1	25
Bourbon.	2	20	Sicile.	1	40
Maragnan.	1	50	Caroline.	1	50
Motril.	1	50	Géorgie, courte-soie.	1	80
Bahya.	2		Caracas.	1	60
Fernambouc.	1	40	Carthagène, ne peut se battre.		
Cayenne.	1	50	Malthe.		
Surinam.	1	50	Souboujac.		
Démérary.	1	50	Kinick.		
Esséquiba.	1	50	Kirkagach.		
Berbice.	1	50	Smyrne.		
Saint-Domingue.	1	50	Macédoine.		
Guadeloupe.	1	50	Tricala.		
Barbade.	1	50	Salonique.		
Bahama.	3	75	Surate.		
Castellamare.	1	70	Bengale.		
Pouille.	1	30	Céara.		

Le batteur doit soigneusement ramasser le coton qui passe à travers la claie. Quant aux ordures connues sous la dénomination de *dessous de claie*, on doit en extraire les flocons de coton qui ont traversé les cordes du battoir , ainsi que le bon duvet ; le reste est mis aux balayures , qui se vendent, dans les longues soies, seulement, de huit à dix centimes le kilogramme. Les déchets de courte soie sont jetés au coin de la borne.

En dix heures de travail un ouvrier peut battre de seize à dix-huit kilogrammes de coton longue soie, ou de vingt-cinq à trente kilogrammes courte soie. Les plaques de longue soie ne doivent pas dépasser le poids de deux kilogrammes cinquante décagrammes et les plaques de courte soie, trois à quatre kilogrammes.

On ne saurait trop recommander aux batteurs de faire des plaques minces, attendu que ces dernières s'étendent beaucoup mieux, et sont moins rebelles au battage.

Il est facile de reconnaître si un coton a été bien battu ; pour s'en assurer il suffit au contre-maître d'ouvrir la plaque roulée, d'en déployer les extrémités et de vérifier si le coton a été également ouvert partout.

Dans tous les états, les ouvriers comme les marchands, emploient plus ou moins de ruses pour surprendre la bonne foi des maîtres de maison ou des acheteurs. La filature du coton a aussi les siennes. Les dévoiler, c'est rendre service à l'art, c'est chercher à garantir des embûches que tendent journellement les employés des manufactures contre les proprié-taires.

Le batteur peut facilement tromper sur l'état de sa besogne, en ne battant la plaque que d'un côté seulement, au lieu de la retourner une ou deux fois selon la qualité de la marchandise qu'il emploie. La partie de la plaque touchant aux cordes de la claie, étant toujours la première battue. surtout au centre, il suffit à l'ouvrier de donner vingt à trente coups de baguettes ; ensuite pliant sa plaque, il présente à l'extérieur la partie battue. C'est alors qu'il convient d'ouvrir la plaque ; et par cette ouverture, on s'aperçoit sur-le-champ que l'intérieur n'a pas été battu.

Un moyen communément employé est d'augmenter le poids du coton battu, soit en le rendant dans un état plus humide qu'il n'était lors de la livraison, soit en substituant des ordures d'une autre balle dont l'ouvrier doit rendre le poids. Pour obvier à ces deux inconvéniens, il est nécessaire de vérifier tous les trois jours au moins, le poids des plaques renfermées dans la case élevée à un ou deux pieds de terre, et placée à côté du batteur. Ne recevant d'ouvrage que pour ce nombre de jours, l'ouvrier est forcé de rendre compte de ce qu'il a reçu, de le remettre au bureau avant de recevoir d'autre coton. Pour éviter l'addition des ordures d'une balle avec celles d'une autre, on doit faire transporter les ordures, ainsi que le coton, dans un magasin, à l'issue de la vérification du coton rendu par le batteur.

Il est vrai que l'ouvrier peut apporter de la poussière de l'extérieur, et la mêler avec les épluchures qui tombent par l'action du battage.

Pour découvrir cette fraude, il suffit de savoir que les épluchures de coton emportent toujours avec elles une sorte de duvet qui leur est adhérent, et qui fait reconnaître à l'instant même les ordures étrangères apportées exprès.

Souvent il arrive au batteur de faire des plaques plus lourdes que le poids ordonné. Il est facile de découvrir la fraude par le moyen de la vérification, parce que plus les plaques sont lourdes, plus le batteur débite d'ouvrage, et moins l'ouvrage est bien fait.

Sans avoir les imperfections qui résultent du défaut de battage suffisant, le bon coton est susceptible des imperfections provenant du défaut contraire. Un individu peu familiarisé avec le battage, craignant de ne pas faire assez bien, peut battre avec excès. Il en résulte deux inconvéniens; l'un, que le coton sera cordé ou cordelé; il est fort difficile alors, de séparer les filamens sans les rompre. Dans l'autre, le coton sera cordelé dans quelques parties, tandis que d'autres parties ne seront pas suffisamment ouvertes ou divisées. L'épluchage étant nécessaire-

ment imparfait, le coton perd dès lors considérablement de sa qualité.

Des Machines à battre.

SECTION II.

*Avantages et désavantages qu'elles présentent. — Des-
cription d'une nouvelle machine à battage.*

Il a été inventé un grand nombre de machines
à battre, mais aucune n'a atteint le but proposé.
Ces mécaniques connues sous les noms de *loup,*
de *diable*, de *ventillateur*, de *renard*, de *net-
toyeur* et autres énervent trop le coton, le divisent et le fatiguent ; ces diverses inventions peuvent, il est vrai, être assez avantageusement
employées pour les cotons destinés à filer, jusqu'au numéro soixante, mais jamais pour les
cotons destinés à être filés très-fin.

Le renard offrant quelques avantages est justement préféré aux autres mécaniques ; le coton
battu par son moyen est à moitié épluché ; mais,
on le répète, son emploi ne convient que pour
les gros numéros, tels que depuis le n⁰ 5 jusqu'au n⁰ 40, nouveau système.

Dans la machine à battre des Anglais, *the
batting machine*, le coton est étalé sur une plate
forme de cordes tordues très-serrées, et y est battu

vivement par quantité de baguettes, lesquelles isolent la fibre du coton, écartent les pelotons, et par ce moyen préparent le lainage pour les opérations subséquentes. La violence de cette percussion fait sortir et rejette en grande quantité les saletés et les graines de la plante que le coton contient, et qui nuiraient à l'action de machines plus délicates. Le coton mis en balle est toujours fortement comprimé, afin de faciliter l'arrimage dans le vaisseau ; et il s'est alors réuni en masses, aussi fortes que dures. Les coups violens et répétés de toutes les baguettes de la machine à battre, font que les fibres du coton reprennent leur élasticité naturelle, se dégagent les unes des autres, et ces coups rendent au coton son volume primitif.

La machine à ouvrir, *the opening machine*, que les ouvriers nomment le diable, *the devil*, a le même objet, qu'elle remplit d'une manière différente. Le diable est composé d'un cylindre qui tourne avec rapidité, et sur lequel sont fixées un grand nombre de dents ou de pointes en fer. Ces dents écartent le coton et le tirent en le faisant passer contre d'autres dents implantées dans un demi-cylindre fixe, qui enveloppe le cylindre mobile. Les espèces de coton les plus fines passent à la machine à battre, et les plus grosses passent à la machine à ouvrir. Celle-ci agit plus rapidement, ma's d'une manière moins complète. A la suite du battage et de l'ouverture, le coton est encore épluché, afin d'en enlever les saletés les plus tenaces qui y sont restées enveloppées, mais qui ont été mises à nud, par le travail de l'une et l'autre opération. Les femmes chargées de ce travail, ôtent toutes ces impuretés, ainsi que les boutons et les petites parties qui seront tachées de jaune.

Convaincus de leurs désavantages, pour les numéros élevés, quelques filateurs ont cessé l'usage de ces mécaniques, dont l'emploi ne pouvait les satisfaire, puisqu'il ôtait à la marchandise l'une de ses plus grandes qualités. En touchant la matière battue à la baguette, et la matière battue par le loup, le diable, le ventilateur, le renard, etc.; on s'apercevra facilement que le coton battu à la baguette sera nerveux, tandis qu'il deviendra fort tendre en passant par la mécanique.

Le coton bien battu à la baguette donne une lame tendre. Le coton battu à la mécanique, est mou après avoir passé par la carde, et donne plus de duvet; enfin cette mollesse se fait également sentir lorsque le coton passe au laminoir, aux lanternes, à la filature en gros et à la filatu e en fin, par sa trop grande évaporation.

Depuis l'introduction des filatures de laines et

de cotons en France, les mécaniciens s'étaient occupés de rechercher les moyens les plus propres à perfectionner et à simplifier tout ce qui tient à ces établissemens. Des découvertes heureuses avaient couronné leurs efforts ; mais nos artistes n'étaient pas encore parvenus à établir une machine pour le battage aussi simple que solide ; et j'oserais dire assez grossière pour être à la portée de tous les filateurs, tant pour l'emploi que pour l'acquisition.

Je me suis occupé à chercher les moyens de remplir cette lacune et de composer une machine simple dans ses mouvemens, dans son entretien, dans ses ramifications et par son travail ; je crois être parvenu à conserver au coton tout son nerf.

Peu coûteuse dans son entretien, les avantages que présente la nouvelle machine aux manufacturiers en général, et particulièrement à ceux qui filent des numéros élevés, sont tellement précieux, qu'ils sont en peu de temps dédommagés des avances de l'acquisition.

La nouvelle machine est propre au battage des laines, des cotons, des déchets, et convient à toutes les classes de fileurs. Elle présente un battoir de quarante deux baguettes pouvant battre journellement deux à trois cents livres de coton, selon les qualités. Notre machine, qui n'exige que la force d'un homme, étant mue, soit par le manége, soit par le moteur à l'eau, peut être soignée par une femme. Très-solidement établi, exempt de rouages, simple dans ses mouvemens, le nouveau battoir est très-facile à soigner.

Le battoir que j'ai exécuté est d'autant plus utile dans le battage des laines et des déchets, qu'on obtient la laine en napes; le triage en est beaucoup plus facile à faire, et le résultat en est beaucoup plus avantageux que celui du loup.

Les anciennes machines ont été décrites dans divers ouvrages et notamment dans les *Annales des arts et manufactures;* mais toutes m'ont semblé présenter une telle complication de rouages, de ressorts, d'articulations et de leviers, que, pour éviter cette complication, j'ai cru devoir composer un battoir beaucoup plus simple. Voici au surplus l'extrait du rapport fait à la société d'encouragement pour l'industrie nationale, au nom du comité des arts mécaniques, par M. Baillet rapporteur, et inséré dans le bulletin de la société.

« La machine à battre dont M. Vautier a montré un modèle et dont le dessin est sous vos yeux, est en effet fort simple. Elle consiste principalement :

« 1° En un châssis rectangulaire couvert de

cordes tendues , faisant l'office d'une claie élastique, et sur lequel on jette le coton qu'il faut battre.

« 2° En deux axes ou arbres placés de chaque côté du châssis, et armés de baguettes.

« 3° En deux ressorts de cordes tordues, fixés immédiatement sous chacun des arbres à baguette.

« 4° Enfin, en un arbre tournant, placé sous le châssis.

« Cet arbre tournant doit être mu d'un mouvement de rotation continu, et c'est lui qui met en jeu toute la machine. Il suffira de dire que, par le moyen des cames dont cet arbre est garni, et d'un renvoi de mouvement fort simple, les deux axes horizontaux, placés de chaque côté du châssis, sont forcés de faire alternativement un quart de révolution, ce qui relève les baguettes \et les place verticalement. Celles-ci retombent ensuite avec vitesse par l'effet du ressort dont on a parlé, et qui oblige les axes à tourner en sens contraire pour revenir à leur première position.

« Pour imiter, autant qu'il est possible, l'action de la main qui tient la baguette dans le battage ordinaire (action qui consiste en partie à retirer la baguette horizontalement avant de la relever, afin de rompre son adhérence

7.

avec le coton et d'empêcher celui - ci d'être soulevé), M. Vautier a imaginé de rendre la claie mobile sur des galets , et de lui imprimer un mouvement de va et vient qui l'éloigne alternativement de l'axe dont les baguettes viennent de tomber. Par ce moyen , moins compliqué que les leviers à articulations qui ont été employés dans quelques machines analogues , le coton se trouve entièrement détaché des baguettes , quand elle commencent à se relever. »

SECTION III.

De l'Epluchement.

De l'épluchement. — Son objet. — Du déchet produit par l'épluchement. — Précaution à prendre dans l'épluchement. — Quantité de coton qu'un ouvrier peut éplucher. — Des déchets et de leur emploi. — Ruses des éplucheurs. — Précautions à prendre contre les ruses des éplucheurs.

Le but de l'épluchement que les ouvriers nomment *épluchage* et les Anglais *picking* , est de dégager le coton de toutes les matières étrangères où hétérogènes qui s'y trouvent mêlées ; telles sont les graines , les fragmens de coques du coton , ou de feuilles , les laines mortes , etc.

L'épluchement sert à ouvrir d'avantage le coton sans néanmoins tirer les filamens, et surtout, sans les rompre.

Les diverses espèces de coton éprouvent plus ou moins de perte à l'épluchage, et cette perte est proportionnée à l'état de propreté dans lequel se trouve le coton en laine, ou suivant la qualité des cotons.

Résultat du terme moyen de déchet , sur cent kilogrammes de chaque espèce de coton.

	k.	d.		k.	d.
Géorgie, longue-soie.	2	42	Louisianne.	4	19
Bourbon.	1	75	Caroline.	6	80
Maragnan.	2	25	Géorgie, courte-soie.	4	94
Motril.	6	22	Caracas.	5	20
Bahya.	1	75	Carthagène.	5	31
Fernambouc.	1	90	Giron.		
Cayenne.	1	95	Malthe.	8	
Surinam.			Sénégal.		
Démérary.			Souboujac.	8	17
Esséquiba.			Kinick.		
Berbice.			Kirkagach.	7	45
Saint-Domingue.	8		Smyrne.	11	69
Guadeloupe.	8		Macédoine.	7	23
Barbade.			Tricala.		
Bahama.	5	10	Surate.		
Castellamare.	4	17	Bengale.		
Pouille.	5	,33	Céara.		

Pour rendre l'épluchage bien fait et parfaitement net, l'ouvrier détache une poignée de coton pesant à peu près une once de la plaque de coton battu qui lui est remise; il l'étend sur une claie en osier de dix à vingt pouces quarrés, laquelle est posée sur ses genoux ou sur une table; il en retire les ordures de la main droite, et retient le coton de la main gauche. Dès que l'un des côtés de cette section de la plaque est parfaitement épluché, il l'a retourne dans son ensemble, pour s'assurer qu'il n'y existe aucune ordure; et, pour plus grande sûreté, il prend la plaque par l'une des extrémités, la met contre le jour et regarde au travers.

Il est des précautions à prendre dans l'épluchement; il faut ne pas retirer le coton avec des ordures, et ne pas éplucher dans un local ou trop humide ou trop sec. Le coton humide se roule en passant à la carde, et il boutonne; le coton sec se boutonne moins, mais il rend plus de duvets. On ne saurait assez recommander à l'éplucheur de ne pas trop séparer les filamens, ce qui fait rompre le coton, et surtout d'éplucher par pincées comme le font quelques ouvriers. Il résulte de cette dernière méthode, que ces petites parties se liant difficilement entre elles, passent ainsi à la carde en gros qui les rend en flocons.

Le poids du coton que peut préparer un éplucheur en dix heures de travail, dépend de l'espèce de coton employée. L'épluchement est plus
ou moins parfait, suivant la finesse du fil qu'on
veut obtenir. Ainsi, dans les numéros ordinaires,
c'est-à-dire, jusqu'au numéro 70, nouveau système, on laisse dans le coton, nombre de par-
celles de feuilles mortes, ou de petites ordures,
tandis qu'il les faut entièrement retirer dans les
numéros fins ou élevés, c'est-à-dire, de 70 à 130.

Ainsi, je donnerai un tableau divisé en deux
parties, l'une pour les longues soies, l'autre
pour les courtes. J'y joindrai l'indication des
numéros fins ou élevés. Ce tableau fera connaître
au premier aperçu, la quantité de coton qu'un
éplucheur peut débiter dans l'espace d'une
journée.

Longues soies.

	Kil.	Déc.
GÉORGIE, LONGUE-SOIE.		
Epluchage ordinaire,	3	
De 70 à 130.	1	50
BOURBON.		
Epluchage ordinaire,	3	
De 70 à 130.	1	50
MARAGNAN ET CAYENNE.		
Epluchage ordinaire,	4	
De 70 à 130.	2	

BAHYA.

Epluchage ordinaire,　　　　　　　　5
De 70 à 130.　　　　　　　　　　　2 50

FERNAMBOUC.

Epluchage ordinaire,　　　　　　　　6
De 70 à 130.　　　　　　　　　　　3

CARACAS OU CARAQUE.

Epluchage ordinaire,　　　　　　　1 50
De 70 à 130.　　　　　　　　　　　75

Courtes soies.

POUILLE ET LOUISIANNE.

Epluchage ordinaire, jusqu'au n° 50,　　4
De 50 à 80.　　　　　　　　　　　2 50

GEORGIE, courte-soie, SOUBOUJAC.

Epluchage ordinaire, { jusqu'au n° 30,　4
　　　　　　　　　　{ de 30 à 60,　　3
De 60 à 80.　　　　　　　　　　　1 50

KIRKAGACH, MACÉDOINE.

Epluchage ordinaire, { jusqu'au n° 20,　5
　　　　　　　　　　{ de 20 à 30,　　4
De 30 à 60.　　　　　　　　　　　1 50

SMYRNE.

Epluchage ordinaire, { jusqu'au n° 20,　4
　　　　　　　　　　{ de 20 à 30,　　3 50
De 30 à 60.　　　　　　　　　　　1 50

Si l'on ne fait pas mention des autres espèces de coton, c'est que venant peu en France, par conséquent rarement employés dans la fabrique, il m'a été impossible de me procurer des renseignemens certains. J'inviterai mes confrères, tant de Paris que des départemens, à me faire part de leurs observations : elles seront toujours reçues avec reconnaissance, et je me plais de leur en offrir d'avance l'expression de ma gratitude.

Contenant quantité de matières hétérogènes, les déchets qui provenaient de l'épluchement étaient de peu d'usage. Pour employer ces déchets, on les lavait d'abord à pleine eau, on en retirait ce qu'il y avait de meilleur, puis on répétait les lavages jusqu'à ce que le coton fût, autant que possible, dégagé des ordures qu'il contenait. Ensuite, le coton étant séché et cardé à la mécanique dite le *diable*, il était employé à faire des moletons, des couvertures et autres étoffes grossières. Depuis 1816 environ, les fabricans de ces étoffes semblèrent préférer l'emploi dans leurs manufactures, soit de beaux déchets, soit des cotons du levant, lesquels en résultat, revenaient à peu près au même prix que les déchets d'épluchement, et étaient d'un assez bon usage.

Mais il existe dans Paris quelques marchands.

de déchets qui emploient les épluchures de la
manière suivante :

Les épluchures sont passées dans la berlaudoire, sorte de panier de forme conique, c'est-
à-dire, plus ouvert d'un côté que de l'autre, et
le bout le plus ouvert est fermé en forme de
dôme. L'ouvrier armé de deux baguettes bat
les épluchures et les retourne dans tous les
sens. Lorsqu'il les juge suffisamment nettoyées,
l'ouvrier les met, par poignées d'environ une
once, sur une claie dont les cordes, très-fines
et très-rapprochées les unes des autres, sont surtout fort élastiques. Ces poignées sont battues
jusqu'à ce qu'elles soient en grande partie dégagées de toutes les ordures et réduites en plaques
du poids d'une once. Un bon batteur ne peut
préparer dans sa journée que quatre à cinq livres de matière battue à fleur, et pour lesquelles
il lui est alloué un franc par kilogramme. Sortant du battage les plaques sont livrées aux éplucheurs, comme le coton ordinaire, et payées le
même prix. Les personnes qui se livrent à ce
genre d'industrie, vendent le coton ainsi préparé aux filateurs qui travaillent pour la bonneterie. On file assez généralement ces cotons
au n° 20, nouveau système, pour les franges;
aux n°s 10 et 12, pour la bonneterie. On les
préfère aussi pour chaîne dans les manufac-

tures de molletons et de couvertures aux n°s 12 et 13.

L'éplucheur a aussi ses ruses, que nous allons dévoiler ; mais il ne peut tromper sur l'imperfection de son travail, qu'il faut vérifier avec soin dans toutes ses parties.

Si le coton est dans un sac, le contre-maître doit l'en extraire par petites poignées qu'il examine successivement. L'examen devient bien plus facile lorsque le coton est dans un panier. Le mélange d'un coton bien épluché avec un coton qui le serait mal, n'est point considéré comme une ruse, parce que cette fraude ne peut avoir lieu que dans les ateliers où il y a défaut de surveillance, et dès lors tous les moyens pour tromper sont faciles à exécuter. Ainsi, toutes les fois que le contre-maître reconnaîtra des imperfections dans le travail de l'éplucheur, lors de la vérification, il fera recommencer l'ouvrage mal fait ; et supposé que l'ouvrier se serait mis plusieurs fois dans le cas de recevoir des reproches, le contre-maître doit exiger le renvoi de l'ouvrier.

Les moyens qu'emploie l'éplucheur pour tromper, sont : d'abord de rendre le coton plus lourd, soit en le mettant à la cave ou dans un lieu humide plusieurs jours avant de le rendre, soit en faisant pénétrer de la vapeur dans le coton en mettant le sac ou le panier qui le contient au dessus d'un vase rempli d'eau chaude ; ensuite, pour augmenter le poids des déchets, l'éplucheur les traîne dans la poussière et souvent y introduit des matières étrangères.

Le coton est tellement spongieux de sa nature, qu'un éplucheur auquel on aurait remis dix livres de coton dans un jour de température moyenne, c'est-à-dire, entre un temps sec et un temps humide, peut tromper de quatre à cinq onces sur sa livraison, et rendre le même poids de coton qu'il avait reçu.

Ainsi donc, pour se prémunir contre les infidélités de l'éplucheur, le contre-maître s'assurera au toucher que le coton rapporté n'est pas humide. Le coton imprégné d'humidité occupe moins d'espace que le coton sec, et s'ouvre beaucoup moins. En portant la main au centre du coton rendu, et la laissant pendant l'espace de quelques secondes, on l'en retirera moîte, et l'on sentira une fraîcheur qui ne se rencontre jamais dans le coton sec. On reconnaîtra le coton exposé à la vapeur, parce qu'il conserve un gluant qui le fait attacher à la main. Si l'ouvrier est soupçonné d'avoir imprégné le coton d'humidité, il faut étendre le coton dans un lieu sec et aéré, puis ensuite on en vérifiera le poids, au bout de trois jours. Les filateurs doivent savoir que le coton apporté et rendu dans un temps pluvieux, ne doit pas être reçu.

Ainsi donc, c'est de l'épluchage bien fait que dépend surtout la beauté de la matière, et il est dans tout le travail du coton presque le seul que des machines ne fassent point, et qui exige beaucoup de soin et d'attention.

CHAPITRE III.

De la filature du coton.

SECTION PREMIÈRE.

Du cardage. — De la carde en gros, ou brisoir. — De la carde en fin, ou finissoir. — Composition de la carde.

L'ART de la filature du coton a pour objet d'obtenir par des étirages successifs un fil de coton, dont le numéro déterminé sert de régulateur pour la proportion de ces étirages.

L'action des moyens, tant préparatoires que successifs et autres de la filature, doit être proportionnée à la force et à la qualité des lainages que l'on emploie.

L'alongement du coton, dans les laminoirs, est égal à la différence des diamètres de leurs cylindres, multipliée par le rapport de la vitesse.

L'écartement entre le laminoir attireur et le laminoir fournisseur, ou autrement la somme des rayons de ces deux laminoirs, augmentée de leur écartement, ne doit excéder que de fort peu la longueur de la soie.

Dans toutes les opérations de la filature, le tors à donner au fil, doit être en raison inverse de la longueur et de la grosseur de la soie. Le tors est en total du même nombre de tours par pouce, que l'indication de son numéro.

L'étirage total qu'éprouve le coton avant d'être en fil, est égal au produit des alongemens successifs qu'il subit dans les opérations de la filature.

La même finesse de fil peut s'obtenir soit par le poids de la charge derrière la carde, soit par la variation dans les doublages et étirages, soit enfin par le changement des rapports de vitesse.

Je vais exposer les principes généraux pour traiter les différentes espèces de coton, dans les opérations successives qu'il subit pour être converti en fil.

Plus la soie d'un coton est longue et dure, plus elle doit être cardée et laminée; ainsi, la charge de derrière étant égale pour la courte soie et la longue soie, le gros tambour devra faire, pour cette dernière espèce, soixante-douze révolutions contre un tour de cylindre alimentaire, et pour la courte soie le gros tambour fera moins de révolutions ; ainsi qu'il sera demontré par le tableau du rapport des vitesses.

Dans ce cas, on suppose que la longue soie ayant seize lignes et la courte soie huit lignes, la différence de la longueur des soies sera dans les mêmes proportions, réglera les révolutions du grand tambour et des cylindres alimentaires.

On pourrait arriver aux mêmes résultats et peut-être même avec plus d'avantage pour la perfection, en suivant une progression croissante dans les étirages qu'on fait subir au coton aux différentes têtes de laminoirs, parce que le coton sortant de la carde, n'ayant point de filamens parallèles, peut sortir des premiers étirages ; si les filamens étaient trop forts, dans un état peu différent, il est alors nécessaire pour les rendre parallèles d'augmenter lentement l'action des laminoirs et progressivement jusqu'au dernier étirage.

CHAPITRE IV.

Du cardage.

DE LA CARDE EN GROS ou BRISOIR , en anglais *carding machine* ou *card Breaker.*

DE LA CARDE EN FIN ou FINISSOIR , en anglais *card finishing*, carde finissante.

———

La machine à carder est composée de plusieurs cylindres garnis de cardes ou de dents faites avec un fil de métal. Ces cylindres tournent avec vélocité dans des directions opposées ; ils sont presque en contact les uns avec les autres et recouverts d'une douve également doublée avec des cardes. Dès qu'il est introduit entre les cylindres, le coton y est perpétuellement cardé ou peigné par des dents, jusqu'au moment où chaque fibre se trouve individuellement séparée et redressée, enfin où chaque partie noueuse et pelotonnée est entièrement démêlée. Ainsi, dans cette machine, le coton étant ainsi entraîné d'un cylindre à l'autre, il est également et légère-

ment dispersé sur les dents de toute la superficie
du dernier des cylindres, celui qui est terminal
et qu'on nomme tambour finissant ou cylindre
à rubans. Le coton est détaché du cylindre terminal au moyen d'un peigne et sous la forme
d'une toison continue appelée nape. Lorsqu'on
retire cette nape, elle entoure un cylindre
en bois, dit le tambour à napes, qui tourne
lentement sur son axe, et que le moteur général de la machine met aussi en mouvement.
L'action dure de cette manière jusqu'à ce que
la toison cardée ait fait un certain nombre de
tours sur le cylindre, puis on la coupe. La toison
prend alors le nom de nape ; elle est composée
de dix-huit à vingt-quatre épaisseurs de toison,
et sa longueur est de la circonférence du tambour. C'est par le moyen de cette invention admirable que l'on obtient la plus grande régularité dans la formation de l'épaisseur de la nape ;
cette régularité est telle, que si une partie de la
toison, résultat du travail de la machine, se
trouvait ou plus mince ou plus épaisse qu'elle
ne doit l'être par l'effet de quelque irrégularité
dans la manière d'étaler le coton en laine sur la
toile, cette irrégularité n'aura pas d'effet sensible sur l'épaisseur totale de la nape. Cette épaisseur étant composée d'un certain nombre de
couches, il est probable que les irrégularités de

plusieurs couches se rencontrent les unes sur les autres. Au contraire le nombre des chances est pour que les couches soient disposées, et par conséquent pour qu'elles se corrigent les unes les autres.

L'opération du cardage en gros, l'une des plus importantes de la filature, a pour objet d'ouvrir le coton ; de le dégager des corps étrangers qui ont échappé au travail du batteur et de l'éplucheur, d'en détacher les boutons et les soies mortes ; de disposer les filamens dans leur parallélisme, de séparer, diviser et d'étendre le coton pour en faciliter le cardage en fin.

Dans le cardage en fin, on se propose d'achever, de dégager le coton des boutons et des ordures restés au cardage en gros, de disposer davantage les filamens dans leur parallélisme et d'étendre le coton pour le rendre en ruban disposé à subir les étirages.

Il est des cas, rares à la vérité, où, contre l'usage ordinaire, on peut se dispenser d'un second cardage. On ne le supprime que dans la supposition où la soie trop courte n'aurait pas assez d'adhérence pour se détacher par son propre poids, aussitôt que le peigne l'a dégagée de la carde. Tels sont les déchets et surtout les duvets dont la soie est déjà très-fatiguée. Dans toute autre circonstance, on ne pourrait suppri-

8.

mer un des deux cardages sans porter préjudice à la qualité du fil.

Quelques filateurs ont pensé qu'un troisième cardage pourrait ajouter encore à la netteté de la soie. Mais ce supplément de cardage affaiblit et énerve considérablement le coton ; dans tous les cas, il deviendrait inutile, puisque s'il était nécessaire, on le remplacerait par l'augmentation du nombre des révolutions du grand tambour, comparativement aux cylindres alimentaires. Mais ce coton perd la plus grande partie de sa consistance, et une partie se transforme en duvet.

SECTION III.

Systèmes de la transmission des mouvemens. — § I. Système des poulies. — § II. Système des engrenages droits. § III. Système de deux arbres de couche avec des roues coniques.—§ IV. Système des chaînes à la Vaucauson. —§ V. Système de la vis sans fin. — § VI. Système de Boudot.—§ VII. Nouveau système de Manchester.

Les machines à carder se composent de quatre parties principales; savoir : deux cylindres alimentaires ou fournisseurs en fer, de treize à quatorze lignes de diamètre, et de trente-sept à quarante canelures, l'un supérieur, l'autre inférieur, placés derrière la carde sur un charriot ou table mobile; un gros cylindre en bois de trente-huit pouces de diamètre, couvert de plaques de cardes; un petit cylindre de quatorze pouces de diamètre couvert de rubans de cardes, et enfin d'un peigne en lame d'acier denté (1), pour détacher le coton du petit cylindre à rubans, dit le petit tambour.

Les diamètres des cylindres peuvent être plus ou moins grands, mais il vaut mieux les employer dans les proportions que j'ai indiquées.

Indépendamment des quatre pièces principales, la carde en gros porte sur le devant un tambour ou cylindre en bois, de vingt-quatre pouces de diamètre, pour recevoir le coton en napes; la carde en fin porte en avant du cylindre à rubans, deux cylindres en bois du diamètre de trois pouces, placés au dessus l'un de l'autre. Le coton détaché par le peigne, passe entre ces deux cylindres et au moyen d'un conducteur, en sort en forme de rubans.

Dans toutes les cardes, le gros tambour est le moteur, qui, au moyen des poulies ou engrenages, transmet le mouvement aux autres agens. Je vais faire connaître les divers systèmes de cette transmission, lesquels présentent de plus ou moins grands avantages.

§ I. Le système des poulies exige plus de force, à cause du frottement des cordes sur une

____

(1) En anglais *the laker off*, l'enleveur.

grande surface; mais il est moins coûteux, et il offre l'avantage de transmettre le mouvement sans secousse et sans cahottement. L'état de l'atmosphère, suivant que la gorge des poulies s'use plus ou moins promptement, fait plus ou moins alonger les cordes, en sorte que leur tension ne peut pas long-temps rester la même.

§ II. Le système des grands engrenages ou des engrenages droits et en cuivre, ou en fonte de fer, étant très-divisé, il est, par cela même, nécessairement plus doux. N'étant pas sujet, comme le système des poulies, aux inconvéniens d'usure et de tension, il est plus régulier et le frottement est plus léger. Il y a quelques années qu'on regardait ce système comme dispendieux, parce qu'il exigeait, pour les variations de vitesse, le changement de trois engrenages à la fois, et ainsi une assez grande perte de temps. Le pignon à l'axe du grand cylindre, qui est le moteur, étant d'un petit diamètre, s'usait promptement à cause de sa vitesse et de la résistance qu'il avait à vaincre. Pour obvier à ces divers inconvéniens, on fait aujourd'hui tous les engrenages en fonte de fer, et l'on supprime les arbres de couche, les chaînes à la Vaucauson, et les cordages pour les roues droites qui, engraînant les unes dans les autres, communiquent le mouvement au tambour de devant et aux cylindres alimentaires.

Lorsqu'on veut changer les vitesses respectives du tambour de devant et des cylindres alimentaires, il suffit de changer le pignon d'axe pour obtenir un mouvement plus ou moins rapide.

Il serait bien à désirer que le système des engrenages droits fut généralement adopté dans la filature ; il offre de grands avantages pour varier les rapports des mouvemens, suivant les diverses qualités du coton, et pour les obtenir, il suffit de changer le pignon d'axe.

Dans la première qualité du coton, au moyen d'un pignon de dix-huit dents, fixé à l'axe du gros tambour, on obtiendra pour un tour des cylindres alimentaires soixante-douze tours du tambour gros et trois tours du tambour délivrant.

Dans la seconde qualité du coton, avec un pignon de vingt dents, fixé à l'axe du gros tambour, on aura pour un tour des cylindres cannelés soixante-six tours du gros tambour et trois tours du tambour à rubans.

Dans la troisième qualité, on fixe à l'axe du gros tambour, un pignon de vingt-deux dents, par lequel on obtient pour un tour des cylindres alimentaires, soixante tours du gros tambour et trois tours du tambour délivrant.

Enfin, pour la quatrième qualité de coton, avec

un pignon de vingt-quatre dents fixé à l'axe du grand tambour, on obtient un tour des cylindres cannelés, cinquante tours du gros tambour, et trois tours du cylindre délivrant.

Ce mode de mouvemens pour les différens lainages, est le fruit de l'expérience de plus de quinze ans de travaux et il doit être adopté avec confiance. Ainsi, par le changement du pignon fixé à l'axe, on cardera plus ou moins les diverses espèces de cotons.

§ III. Le système de deux arbres de couche avec des roues coniques, exige moins de dépense que le précédent avec les améliorations indiquées. Il ne demandait que le changement de deux engrenages, pour les variations de vitesses. L'expérience a démontré que des roues coniques avec des roues droites de différens diamètres, n'engrenaient pas régulièrement, qu'elles produisaient un frottement si grand qu'elles s'usaient en peu de temps, et enfin, qu'elles donnaient un mouvement inégal.

§ IV. La transmission des mouvemens par le moyen des chaînes à la Vaucauson par Andriaux, a beaucoup d'affinité avec le système des poulies. La seule différence est que les chaînes sont portées au centre de la carde, par les engrenages. Ces chaînes qui ont pour objet de remédier aux inconvéniens dont je viens de parler, ne sont point portées par des poulies comme le tambour à rubans et les cylindres alimentaires. Il est fâcheux que ces chaînons susceptibles de s'alonger, se cassent, et par leur cahotement perpétuel, donnent un mouvement très-irrégulier.

§ V. On avait aussi introduit le système d'une vis sans fin, placée à l'axe du gros tambour; mais j'ai démontré en traitant le paragraphe II, que la vitesse était un obstacle pour se servir, comme moteur, d'un petit pignon à la place d'une vis sans fin. Il sera également démontré que le système d'une vis sans fin offre encore de plus grands inconvéniens, puisqu'il exige un changement de deux engrenages pour les variations de vitesse.

§ VI. Avant l'époque des heureux changemens faits à nos cardes, le système inventé par Boudot, fut généralement regardé comme devant être préféré aux autres, et j'en fait avec plaisir la description.

Un pignon conique placé au centre, engrène sur une roue qui porte un arbre de couche; cette roue transmet le mouvement au cylindre à rubans, par le moyen d'un autre pignon engrenant de même sur une grande roue conique. Cette grande roue porte une gorge pour recevoir la corde qui fait tourner le cylindre conducteur. Une vis sans fin, placée à l'extrémité opposée, c'est-à-dire, de l'autre côté, engrène sur une roue fixée au cylindre inférieur alimentaire.

Cette transmission de mouvement, dès son introduction, parut alors la plus simple comme la plus régulière. La plus simple parce qu'elle n'avait qu'un seul arbre au lieu de deux, de trois et même encore plus ; la plus régulière parce que la vis sans fin, conduisait beaucoup plus également les cylindres alimentaires, que ne l'avaient jamais fait les pignons qu'on y mettait ordinairement.

Le système de Boudot présentait encore l'avantage pour les variations de vitesse, de n'exiger que le changement de la roue du centre ou gros tambour ; mais la vis sans fin, si utile aux cylindres alimentaires à cause de la lenteur de leurs mouvemens, ne peut rendre un pareil service au centre et au cylindre à rubans. L'emploi de la vis sans fin, convient seulement dans les mouvemens lents : car dans les mouvemens vifs, non seulement elle s'use bientôt, mais elle produit des irriégularités nuisibles à toute espèce de cardage et particulièrement au cardage des cotons longues soies.

§ VII. *Système de Lajude.*

M. Daniel Lajude, de Senlis, obtint, le 6 novembre 1817, un brevet pour une machine à former les napes de coton, maintenant en usage dans les meilleures établissemens de filature.

Voici quelques détails sur la manière d'employer cette machine, et sur les avantages qui résultent de son usage.

Les briseurs ou cardes en gros, doivent être disposés pour produire un ruban de coton de la même manière que cela a lieu ordinairement pour les finisseurs ou cardes enfin.

Le coton est étalé derrière les briseurs à la manière ordinaire; seulement après avoir étalé un poids déterminé sur une longueur quelconque, on peut étaler à la suite, et sans laisser aucun intervalle, une seconde pesée de coton sur une longueur égale à la première, et une troisième ainsi que d'autres, autant que cela convient.

Les rubans de coton sortant des briseurs sont reçus dans des vases, comme cela a lieu aux finisseurs, et servent à alimenter la machine à faire les napes.

Pour faire les napes, on présente aux cylindres de la machine nouvelle un nombre quelconque de rubans fournis par les briseurs, et, en les réunissant ensemble, on forme les napes dont seront alimentées les cardes finisseurs.

Pour connaître le nombre de rubans dont sera formée chaque nape, il suffit de s'assurer du nombre de révolutions que faisait le tambour ou cylindre, sur lequel se décharge ordinairement le coton cardé au briseur, pour recevoir la totalité d'une pesée de coton, et de composer les nouvelles napes d'un nombre égal de rubans provenant des briseurs, moyennant quoi les finisseurs reçoivent une quantité de coton égale à celles qu'ils recevaient précédemment. En effet, supposant par exemple que cinq onces de coton étalées sur une longueur quelconque, arrivent en totalité sur le tambour qui le reçoit, après que ce tambour aura fait quarante révolutions, la nape qui en résulte sera formée de quarante épaisseurs de coton superposées les unes sur les autres; et comme chacune de ces épaisseurs sortira désormais sous la forme d'un ruban, il est certain que la réunion de quarante rubans fournira une masse de coton parfaitement égale en poids dans une même longueur.

Mais comme les nouvelles napes sont partagées en deux parties sur leur largeur, ainsi qu'il sera expliqué ci-après, chacune de ces parties ne contiendra que vingt rubans.

Dans l'exemple actuel, on présentera vingt rubans de briseurs à la machine pour former les nouvelles napes.

Il sera placé au bas et du côté de la gouttière les vingt paniers, pots ou autres vases contenant les rubans fournis par les briseurs : les bouts seront réunis dans la gouttière pour les faire passer entre les cylindres, où ils seront encore réunis au moyen de la compression du cylindre supérieur ; ces rubans en sortiront sous la forme d'une nape qui est reçue sur une tablette inclinée, au long de laquelle elle coule pour descendre ensuite dans une caisse placée au dessous de cette tablette afin de la recevoir ; elle y est arrangée dans sa longueur en revenant et retournant sans cesse sur elle-même, par le mouvement de va et vient que suit l'extrémité inférieure de ladite tablette dans une ligne circulaire.

Lorsque la caisse est pleine, on charge le coton qu'elle contient d'un fouloir, dont l'objet est d'abaisser le coton afin d'en pouvoir mettre davantage, ayant toutefois l'attention de continuer à fournir la nape, à mesure que le fouloir descend au fond de la caisse ; on récidive cette opération jusqu'à ce qu'elle n'en puisse pas contenir davantage. Une caisse peut contenir environ deux kilogrammes de nape ayant de huit à neuf pouces de largeur. On place ensuite deux de ces caisses derrière un finisseur, au moyen de quoi il se trouve chargé de quatre kilogrammes de coton.

Il est convenable que les caisses renfermant

les nouvelles napes aient une largeur en œuvre un peu excédente à la moitié de celle de la garniture des finisseurs auxquels elles doivent servir. La tablette mobile de la machine servant de conduite, sera un peu plus étroite que les caisses, et la gouttière derrière les cylindres sera encore plus étroite. Par exemple, pour des garnitures de cardes de dix-sept pouces de dents en dents, chaque caisse aura neuf pouces de largeur en œuvre. La tablette mobile n'aura que huit pouces entre ses tasseaux de conduite, et la gouttière six pouces de largeur seulement. Le mouvement du cylindre inférieur doit être d'environ soixante-dix à quatre-vingt tours par minute.

On place les vases contenant les rubans de la manière la plus favorable pour que la soigneuse s'aperçoive à mesure de ceux qui se vident, afin de les remplacer sans arrêter la machine, ce qui est d'autant plus facile qu'elle marche avec très-peu de vitesse.

Il est utile d'attacher sur le plancher, derrière chaque finisseur, deux tasseaux pour contenir les faces extérieures des deux caisses réunies, afin qu'elles soient toujours placées dans la même direction que les finisseurs.

Toutes les caisses seront construites en bois de quatre à cinq lignes d'épaisseur, afin qu'elles soient légères et d'un transport facile; elles seront bien unies en dedans, pour que le coton ne s'y attache pas.

Les avantages qui résultent de l'emploi de cette machine sont de deux espèces ; savoir : économie de main-d'œuvre et bonification du travail.

La conduite des briseurs ordinaires ne peut être confiée qu'à des personnes attentives et soigneuses, puisqu'il est nécessaire d'être toujours alerte, au moment où une pesée de coton finit, pour enlever la nape qu'elle a formée sur le tambour. Et encore, combien de défauts sont dus à l'inexactitude du poids des napes ; combien de temps perdu lorsqu'une nouvelle pesée ne suit pas immédiatement celle qui vient de finir, et que la carde se déchargeant ne fournit pas au peigne une masse suffisante pour se soutenir jusqu'au tambour à napes.

Tous ces inconvéniens disparaissent par l'emploi du nouveau procédé, puisque les pesées de coton se touchent sans solution de continuité ; le briseur fournit un ruban, et il n'importe nullement quelle longueur en doit contenir le vase qui le reçoit.

Il faudra donc moins de surveillance pour les briseurs ainsi disposés, et des enfans suffiront aux soins qu'ils exigent.

Les finisseurs étant alimentés d'environ quatre kilogrammes de coton en une seule fois, n'exigent que bien peu de travail pour substituer des caisses pleines à celles qui se vident successivement, ce qui procure une seconde économie de main-d'œuvre.

Une seule soigneuse suffit au service de la machine nouvelle, qui peut fournir un atelier produisant de cent vingt-cinq à cent cinquante kilogrammes par jour; ce service exige de l'attention et de l'exactitude, et il est plus facile d'avoir une seule ouvrière exacte, que d'en avoir autant que le cardage ordinaire l'exige.

En composant les nouvelles napes d'un grand nombre de rubans pris indistinctement de tous les briseurs, ils concourent tous à la formation de chacune d'elles, ce qui diminue l'action des défauts particuliers à chaque briseur, et on obtient une chance plus avantageuse à l'égalité de chaque partie de napes. On opère un doublage considérable, et d'autant plus avantageux qu'il précède ceux qui se font aux laminages et en augmente à l'infini le résultat.

On supprime tous les défauts provenant des grandes soudures de chaque nape ordinaire, et on réduit l'inconvénient des soudures au moindre terme possible, puisque les napes sont d'une très-grande longueur, composées de rubans également très-longs, dont les petites soudures sont sans cesse réparties; enfin ces nourelles nappes étant elles-mêmes divisées en deux parties sur leur largeur et ne finissant jamais ensemble, on n'a encore qu'une soudure de demi-largeur, lorsqu'une nouvelle caisse est substituée à celle qui est vidée, ce qui arrive d'autant plus rarement que ces caisses contiennent une plus grande quantité de coton (1).

Le filateur connaissant toute l'importance d'un bon cardage, doit toujours observer que la vitesse du grand tambour autrement dit, moteur principal, soit établie suivant le degré de consistance du coton; que les rapports de vitesse des agens de la carde, soient en raison de l'espéce et de la qualité du coton; et enfin que les cylindres alimentaires, les chapeaux le peigne et les cylindres couverts dans la carde, soient parfaitement parallèles et ne touchent point aux dents de cardes.

Un fabricant ne peut ignorer que si les cylindres alimentaires étaient trop éloignés du grand tambour, le coton s'aglomérant dans le vide, le gros cylindre l'enlèverait par flocons, le déchirerait, et formerait un cardage inégal, mauvais et boutonneux. Dans le cas contraire si,

---

(1) On doit encore dire qu'au moyen de cette machine et de la soppression des soudures qui, par la manière ordinaire, se renouvellent à chaque instant, cinq cardes font réguliérement l'ouvrage de six.

13.

les cylindres alimentaires n'étaient pas assez
éloignés, on courrait risque de les faire toucher
aux cardes qu'ils abîmeraient.

Il en est de même des chapeaux ; trop écartés
du grand tambour, ils ne peuvent plus ouvrir
le coton, le diviser et conséquemment arrêter
les ordures ; trop rapprochés, les chapeaux
ainsi que le cylindre s'engorgent de coton ; les
dents des cardes alors comprimées dans leur
mouvement par le coton qui est tassé, n'agissent
plus ; le coton passe entre le cylindre et les chapeaux sans se carder, et entraînées par le mouvement de rotation du tambour, les ordures se
font passage en abîmant les cardes qui, d'ailleurs,
s'usent plus facilement.

Le contre-maître ainsi que le débourreur, auront soin de tenir le derrière des chapeaux un
peu éloigné, afin que les ordures qui s'y arrêtent
puissent y séjourner sans interrompre les fonctions de la carde.

Le cylindre à rubans ou le tambour délivrant,
étant trop écarté du grand tambour, et celui-ci
se chargeant d'une grande quantité de coton
avant que le cylindre à rubans puisse s'en revêtir,
il en résultera que le mouvement de rotation du
grand tambour et du cylindre à rubans en sens
opposé, occasionnera un froissement sur le coton,
froissement qui, en le roulant, le fait arriver tout

en boutons sur le petit tambour. Le trop grand rapprochement de ces deux tambours offre, il est vrai, moins d'inconvéniens pour le coton, mais il abîmerait les cardes si elles se touchaient.

Les dents du peigne trop rapprochées des cardes, leur sont également nuisibles; ce rapprochement les émousse, les couche sur le cylindre et les croise. Trop éloignées, les dents du peigne détacheraient mal le coton.

D'après ces observations, il sera facile de juger qu'il y a plus de danger à tenir les cylindres et les chapeaux trop écartés que s'ils ne l'étaient pas assez. On observera également que les cylindres et les chapeaux ne touchent point aux cardes; qu'il est essentiel, surtout, que les cylindres soient ronds, et bien parallèles entre eux, ainsi que le peigne et les chapeaux.

SECTION III.

Des cardes et du cardage.—Manière de garnir une carde. — Manière de passer une carde à l'éméri. — Poids de la nappe.

Ainsi, une carde est bien reglée lorsque ces conditions ont été remplies. Ainsi, voulant essayer une carde, si l'on veut s'assurer qu'elle est parfaitement disposée dans toutes ses parties, on l'a fait d'abord marcher. Le petit tambour trop rapproché du gros, occasionne un léger bour-

donnement à l'oreille : il en est de même pour
les cylindres alimentaires qui doivent comme les
cylindres à rubans laisser entre eux et les dents
des plaques du grand tambour, une petite ligne
de jour laquelle permet à la vue de juger sur le
champ, s'il y a quelques contacts dans quelques
parties de cette ligne ; il en est de même relativement au peigne et aux chapeaux.

On obtient d'une carde bien réglée, une nappe
égale, légère, semblable à de la gaze et sans
aucun bouton.

Pour garnir une carde, le contre-maître doit
d'abord vérifier si les tambours sont parfaitement cylindriques ; il divise ensuite la superficie du grand tambour en autant de parties qu'il
y a de plaques à placer, puis il tire une ligne
horizontale sur chaque point de division. Le bord
de la première plaque est placé sur une de ces
lignes et retenu avec ces cloux connus sous le
nom de semence demi-alongée. Pour bien
étendre cette plaque, on prend l'autre bord avec
une pince faite exprès et qui porte une courroie
à l'extrémité de ses deux bras. Mettant le pied
dans cette courroie et appuyant dessus pour
tendre la plaque, on l'arrête avec des broches
de fer placées très-près des dents, puis on cloue
ce deuxième bord comme le premier.

Cette opération est répétée jusqu'à la fin, pour

la dernière plaque ; je ne saurais assez recommander de couvrir la plaque qui la précède immédiatement, soit d'un corps uni, soit d'une autre plaque renversée, afin de ne pas écraser les dents avec la pince. Je recommande aussi avant de couvrir les tambours, de les enduire d'une légère couche d'huile ; cette précaution préviendra la rouille des cardes et maintiendra le cuir dans le même état d'élasticité.

Pour placer le ruban de carde sur le petit tambour, on adapte à l'axe de la carde une manivelle qui sert à faire tourner le tambour, afin de rouler le ruban à l'entour. On assujétit ce ruban que l'on a coupé en pointe à l'un de ses bouts, parce qu'il doit être fortement tendu. Les bandes sont placées près les unes des autres sans aucun intervalle et en observant surtout de ne pas couvrir le ruban, sans quoi le tambour ne serait plus cylindrique.

Cependant cette tension ne doit pas être excessive, car en supposant que le ruban ne cassât pas, elle empêcherait les dents d'agir. Le cuir étant neuf, s'étend de lui-même à l'usage, alors ce défaut se fait moins sentir, mais il devient considérable si l'on emploie un ruban qui ait déjà servi. D'ailleurs, plus la dent de la carde est courte, moins elle a de jeu pour agir, dès lors moins le cuir doit être tendu et réciproquement.

Pendant que le contre-maître tend le ruban roulé d'une main et le déroulant au fur et à mesure du besoin, il passe l'autre main sur le talon de la carde afin de remettre à leur place les dents qui en auraient été dérangées. Ce dérangement des dents des cardes est occasionné par le placement, et on le répare au moyen d'un couteau non tranchant. Le contre-maître doit avoir l'attention d'incliner suffisamment les dents du bord des bandes les unes contre les autres vers le vide formé par les bandes, afin de faire disparaître ce vide et de rendre la nappe plus régulière.

Lorsque le cylindre est autrement couvert, de même que le premier bout, on coupe le second en pointe.

Ainsi, en se résumant, ce qui constitue la bonne carde, c'est la souplesse du cuir ; pour bien carder, il faut une plaque souple et peu garnie. Quelques filateurs avaient pensé que lorsque la plaque était bien garnie, il devait en résulter un meilleur cardage du coton. L'expérience a prouvé le contraire. Une plaque trop garnie se remplit promptement de coton, et forme ce bouton que l'on remarque si souvent dans le fil. Donc, je le répète, pour bien carder, la plaque doit être fine et peu garnie, pas trop courte, parce qu'elle manquerait d'élasticité, et la dent doit avoir quatre lignes et six points.

On passe les cardes à l'émeri, afin d'égaliser la longueur des dents de carde et de les éguiser. Pilé en grains d'à peu près un quart de ligne de diamètre, l'éméri est étendu bien également sur une couche de colle forte posée sur l'une des faces d'un morceau de bois carré bien dressé et de la longueur des cylindres. Pour obtenir de l'éméri de même grosseur et de différentes classes, on le passe dans un tamis en fer blanc à plusieurs fonds, lesquels sont percés de grandeurs différentes, à chacun de ces fonds.

Voulant passer à l'éméri les cardes du gros tambour, on placera d'abord sur le cylindre la pièce de bois préparée, et qui, à ses extrémités, sera fixée sur le bâtis par deux boulons. Par le moyen de deux écroux et de deux contre-écroux, on approche la pièce de bois à volonté et assez près des dents pour à peine les toucher. A mesure que les dents s'égalisent, il faut serrer la planche à l'émeri, mais toujours doucement et peu à la fois. En serrant trop la dent, elle se couche ou elle se casse au croc.

On jugera qu'une carde est suffisamment aiguisée, par les deux remarques suivantes : d'abord, en passant la main en sens contraire à l'inclinaison des dents, si la main est arrêtée par leurs pointes qui entreraient si l'on essayait d'en vaincre la résistance ; ensuite, lorsque la vue ne peut distinguer de points blancs à l'extrémité que présente la dent.

Il faut particulièrement éviter de donner au tambour un mouvement de rotation trop fort, parce que les dents s'échaufferaient. Pour accélérer le passage à l'émeri, on peut employer deux planches préparées au lieu d'une. Ce moyen est surtout nécessaire lorsque les dents sont fort inégales.

On avait l'habitude, pour passer le petit tambour à rubans, de fixer la planche d'émeril sur les bâtis de la carde avec deux sergens, puis on approchait le petit tambour au moyen de deux vis de rappel. Aujourd'hui les filateurs instruits se servent, pour cette opération, du moyen de deux tiges en fer, fixées de chaque côté du tambour et disposées de manière à recevoir la planche à émeri. Cette méthode convient parfaitement aux tambours en cuivre, dont la forme est toujours parfaitement ronde.

Cependant, comme il existe un plus grand nombre de cardes dont les tambours délivrans sont en bois, je pense qu'il est préférable de repasser le petit tambour à la main. En supposant même que le tambour en bois ne soit pas parfaitement rond, il faut poser le ruban, puis l'aiguiser.

Il est possible que, si l'on veut mettre le tambour au rond, l'endroit du ruban placé sur la partie la plus élevée de ce même tambour, se trouvera plus courte pour être au rond ; et lorsqu'on changera le ruban de place en retournant le tambour, la partie du ruban placée dans l'endroit le plus élevé sera plus basse. On ne saurait donc employer trop de précaution pour éviter ce défaut.

L'emploi des tambours délivrans en cuivre, surtout lorsqu'ils sont bien exécutés, me semble devoir obtenir la préférence. On peut les repasser à pierre fixe sans aucun inconvénient.

Ils sont principalement avantageux pour les cardes doubles, attendu qu'un tambour en bois ne peut être aussi solide que celui qui est employé dans la carde simple. Je sais qu'on met un croisillon au milieu du tambour de la double carde, afin que la douve, retenue à ses deux extrémités par des boulons, pose sur ce croisillon. C'est justement la difficulté de serrer ces boulons qui fait que rarement le tambour en bois de la carde double sont d'une rondeur parfaite.

Trois moyens sont employés pour le passage des chapeaux. Les uns les passent à la main, d'autres les frottent sur la planche d'éméri, d'autres enfin les présentent à un cylindre garni d'éméri.

Le cylindre que l'on passe à l'éméri doit tourner dans le sens de l'inclinaison des dents. Quelquefois, il est vrai, on le fait tourner en sens contraire pour redresser les dents des chapeaux, mais ce moyen exige beaucoup de prudence et de ménagement pour ne pas abîmer les cardes ; il doit seulement être employé lorsqu'une partie des dents se sont reployées sur elles-mêmes, soit par l'inégalité du cylindre ou par la force du cuir, soit par accident ou lorsque la carde, entièrement ruinée, ne pourrait plus servir.

En général, on passe à l'émeri une fois par semaine les cardes qui travaillent constamment. En supposant alors au grand tambour soixante révolutions par minute, trente minutes suffiront, et vingt minutes pour le petit cylindre.

J'ai déjà traité du danger de l'humidité relativement au coton ; elle exerce les plus grands ravages dans les ateliers de carderie; l'humidité empêche que le coton ne s'ouvre en passant dans la carde; elle le fait rouler et former ce bouton si dangereux pour le fil. Aussi faut-il prendre toutes les mesures pour s'en garantir. Sortant de l'épluchement, le coton sera mis dans des caisses de sapin; on aura l'attention de ne pas l'y tenir long-temps, attendu qu'il se tasse et qu'il offrirait plus de difficulté pour le cardage.

Le poids de la nappe doit être le même pour

les diverses espèces de coton. C'est aux laminoirs que les étirages sont plus ou moins forts,
en raison de la longueur des soies. Ce poids
varie suivant le numéro du fil qu'on veut obtenir. Moins la charge est forte, plus le cardage
est parfait.

Ainsi le poids de la nappe pour les n.os 20 à
50, peut-être de cinq onces et demie en cotons du
levant, tels que le souboujac, le macédoine, le
kirkagach etc., en cotons louisianne, caroline,
géorgie courte-soie etc., cinq onces.

Pour les n.o 50 à 70, la nappe est de 4 onces
1/2 en cotons caroline, géorgie courte-soie, cas-
tellemare et louisianne.

Pour les n.o 70 à 90, la nappe est de 3 onces
1/2 en cotons castellamare et louisianne, et de
3 onces pour le fernambouc, le bahya, le bourbon, le martinique.

Pour les n os 90 à 150, la nappe est de 2 onces 1/2.

Avec ce dernier poids de nappe, on peut filer
des numéros encore plus élevés; mais il faut veiller
à ce que le ruban ne soit pas trop foible, parce
qu'alors il devient fort difficile à laminer.

J'ai dit qu'une charge moins forte donnait un
cardage plus parfait. Le ruban produit par ce
cardage étant plus mince a besoin de moins
d'étirage pour faire du fil fin que s'il était plus
gros, et par conséquent la soie est moins fatiguée.

Il est aisé de se convaincre de cette vérité. Le coton sortant des cylindres alimentaires en moins grande quantité, est mieux peigné, mieux divisé ; les ordures passent moins entre les chapeaux et les cardes du gros cylindre ; les boutons sont mieux divisés par le petit tambour. Les filamens en sortent plus parallèles, et l'opération des étirages est bien plus parfaite.

En adoptant pour règle générale quatre onces pour le poids de la nappe, on peut faire toutes les espèces de coton. Mais il est plus simple et plus avantageux de modifier l'opération du cardage, soit en changeant le nombre des révolutions du cylindre, soit en changeant le poids de la nappe.

Une charge trop forte produit un mauvais cardage par la raison que le coton, dans les proportions de mouvement reconnues pour être les meilleures, sortirait du cylindre à rubans avec une partie des ordures, et des boutons qui n'auraient pu être arrêtés ou divisés, et que les filamens seraient beaucoup moins parallèles. Une charge trop forte fatigue considérablement les cardes ; les expose à un nombre d'accidens et oblige de les passer plus souvent à l'éméri. On peut parer à ces inconvéniens en augmentant ou en ralentissant la vîtesse des cylindres alimentaires, à proportion de ce que la charge

est trop faible ou trop forte. Mais on n'obtient
alors que le même résultat d'une charge plus
foible, puisque les cylindres alimentaires fournissent moins à la fois ; puis on a changé le rapport de vîtesse entre ces cylindres et les autres
agents de la carde.

Etant trop foible, la charge présente le danger
de produire un ruban de même nature, susceptible de se rompre avant d'arriver tant aux cylindres attireurs qu'aux autres opérations de la
filature, et enfin de produire des inégalités dans
le fil. D'ailleurs, une carde bien réglée ne doit
pas souffrir une charge trop foible.

En traitant des diverses espèces de coton , j'ai
fait observer que chacune de ces espèces offrait
toujours trois qualités différentes. Il arrive souvent que deux parties de coton placées successivement sur la toile sont inférieures l'une à
l'autre , et , par exemple , que la seconde partie
est inférieure en qualité à la première. Ne
voulant apporter aucun dérangement dans les
préparations pour obtenir les mêmes numéros ,
il est nécessaire que , pour cette seconde partie,
la pesée soit un peu plus forte pour parvenir au
même résultat que celui obtenu par la première.
Il se trouve des cas où il est urgent d'augmenter
ou de diminuer la pesée; il est donc évident que
le bon coton perdant beaucoup moins dans ses

différens apprêts, donnera un fil plus rond et par conséquent plus gros. On peut obvier à l'inconvénient que présente la seconde partie, par le moyen des engrenages ; mais il est préférable de suivre l'exemple des filateurs qui employent trois pesées différentes, selon chaque qualité de coton ; savoir : 3 onces 6 gros pour la première qualité, 4 onces pour la seconde qualité, et 4 onces 2 gros pour la troisième et la quatrième qualités.

Emploi des principales pièces de la machine à carder.

SECTION IV.

Usage des pièces de la carde. — Des vitesses de mouvement. — Charges de la carde en gros. — Du bain. — Des déchets et de leur emploi. — Du débourrage.—Du niveau des cardes. — Du tournage des tambours. — De la carde double. — De la fixité des cardes. — Des dents des cardes.— Du cardage de coton non épluché. —Fonctions des employés aux cardes. — Du peseur, des chargeuses ou soigneuses. — Des nappes.

Les cylindres alimentaires, dits attireurs ou fournisseurs, qui tournent l'un sur l'autre en sens inverse et qui sont en fer, fournissent au gros cylindre, dit le gros tambour, également et successivement dans un temps donné, le coton de la nappe préparée sur la toile.

Le gros tambour, ou gros cylindre, peigne le coton en sortant des cylindres alimentaires ou attireurs, et s'en saisit aussitôt qu'il est dégagé de ces cylindres. Par son mouvement de rotation, le gros tambour porte successivement le coton sous les chapeaux, où les ordures, les boutons et autres matières sont arrêtées, et enfin, où les flocons, les inégalités de la nappe sont divisés. Par le même mouvement, le gros tambour conduit le coton vers les cylindres à rubans ou le tambour délivrant. Celui-ci fait l'opération du cardage, en ce qu'il divise les boutons et les ordures dont les filamens sont encore chargés, et qui, par ce moyen, reçoivent une direction parallèle.

Tournant en sens inverse du gros tambour, le cylindre à rubans ou le tambour délivrant, se revêt du coton que le gros tambour, par l'effet de la force centrifuge, rejette sur lui. Les dents du cylindre à rubans et les dents du gros tambour agissant aussi en sens inverse, elles portent le coton vers le peigne qui l'en détache au moyen de son mouvement de va et vient. Le coton ainsi dégagé est en forme de gaze. Dans la carde en gros un cylindre en bois, dit tambour à nappe, dont le diamètre est de deux pieds, attire le coton et le roule autour de lui; mais dans la carde en fin, deux petits cylindres en bois ou en cuivre, de trois pouces de diamètre, placés l'un sur l'autre, attirent le coton et le rendent en rubans, au moyen d'un conducteur placé en arrière de ces cylindres.

Chaque pièce principale d'une machine à carder contribue à l'opération du cardage; le concours de ces agens est indispensable, car on ne peut obtenir un bon cardage si l'on en supprime un seul sans le remplacer par un équivalent.

Il est deux sortes de vitesse qu'il importe de distinguer dans les différentes espèces de coton soumises à l'opération du cardage. On varie ces deux sortes de vitesse, suivant les espèces de coton ; et en changeant le pignon du gros tambour, on donne plus ou moins de vitesse aux principales pièces de la carde.

Plus la soie du coton est longue et forte, plus elle a besoin d'être cardée ; alors plus les cylindres peuvent avoir de vitesse respective, dans un temps donné. Pour déterminer le rapport de ces vitesses, je diviserai les cotons en quatre classes, suivant leurs espèces ; et j'indiquerai seulement les différences les plus marquantes, par l'ordre où je les ai placés.

En admettant trente-huit pouces de diamètre pour le gros tambour et quatorze pouces pour le petit, les cotons longues-soies seront ainsi travaillés.

1re *Classe.*

Géorgie, longue-soie.
Bourbon.
Maragnan.
Bahya.
Fernambouc.
Révolutions des cylindres alimentaires.. . 1
———— du gros tambour. 72
———— du petit tambour. 3

2e *Classe.*

Minas Géraès.
Cayenne.
Surinam.
Démérary.
Saint-Domingue et Guadeloupe.
Révolutions des cylindres alimentaires . . 1
———— du gros tambour. 66
———— du petit tambour. 3

3e *Classe.*

Castellamare.
Pouille.
Louisianne.
Caroline.
Géorgie courte-soie.
Révolutions des cylindres alimentaires . . 1

Révolutions du gros tambour 6o

———— du petit tambour. 3

4ᵉ *Classe.*

Souboujac.

Kirkagach.

Symrne.

Macédoine.

Salonique.

Révolutions des cylindres alimentaires. . . 1

———— du gros tambour 54

———— du petit tambour 3

Pour obtenir soixante-douze tours du gros tambour contre trois tours du tambour délivrant et un du cylindre alimentaire , on met à l'axe du gros tambour un pignon de dix-huit dents. Ce pignon engrène dans une roue de 144 dents, sur laquelle est un pignon de 48 dents qui donne le mouvement à cette roue de 144 dents, fixée à l'axe du tambour délivrant, par le secours d'une roue intermédiaire placée entre le pignon de 48 dents et la roue de 144 dents.

Au moyen de cette disposition , le tambour délivrant fera trois tours et le gros tambour soixante-douze tours.

Le pignon d'axe de 18 dents engrène dans une roue de 144 dents, pendant les 72 révolu-

tions du gros tambour , et la roue de 144 dents
fait neuf tours.

Ainsi 9 x 144 — 1296 :: 18 x 72 — 1296.

Ainsi la pignon de 48 dents, fixé sur la roue
de 144 dents , fera neuf tours pendant les 72
révolutions du gros tambour. Ce pignon donne
le mouvement à la roue, laquelle est fixée
sur le tambour délivrant par la roue intermédiaire, dont le diamètre , plus ou moins grand ,
ne peut apporter aucun changement au degré
de vitesse, et fait faire à ce tambour trois tours.

Ainsi 9 x 48 — 432 :: 144 x 3 — 432 , et la proportion du gros tambour au tambour délivrant
est de 72 contre 3.

Pendant le temps que les cylindres alimentaires font un tour , le pignon d'axe engrène de
chaque côté dans des roues de 144 dents. La
roue placée du côté des cylindres cannelés, porte
un pignon de 16 dents. La roue de 144 dents
fait 9 tours, de même que la roue placée du côté
du tambour délivrant, laquelle a le même nombre de dents. Par le moyen d'une roue intermédiaire, le pignon donne le mouvement à une
autre roue de 144 dents fixée sur l'axe du cylindre alimentaire. En multipliant les 9 tours par
le nombre de dents du pignon, il en résultera
cette proportion 9 x 16 — 144, somme des dents
de la roue fixée à l'axe du cylindre. Donc il ré-

sulte de cette disposition, que, pendant le temps où le gros tambour fait 72 tours , le tambour à rubans en fait trois, et les cylindres alimentaires un. Ainsi pour les trois vitesses on aura :: 1 : 72 : 3.

Voici une autre disposition adoptée dans quelques ateliers. Au lieu d'imprimer le mouvement aux cylindres alimentaires par la combinaison de plusieurs rouages pareils à ceux qui font marcher le tambour délivrant : on peut au moyen d'une courroie de 12 à 15 lignes de large obtenir un mouvement doux et léger. Il suffit d'attacher solidement sur la roue du petit tambour une poulie de 5 pouces de diamètre et de 15 à 16 lignes d'épaisseur, disposée pour recevoir la courroie dans toute sa largeur. Cette poulie fait marcher une autre poulie de 15 pouces de diamètre et de 15 à 16 lignes d'épaisseur qui est fixée aux cylindres alimentaires. Alors, par le moyen d'un autre pignon d'axe, on change la vitesse du petit tambour qui, à son tour, change celle des cylindres cannelés.

Ainsi le pignon d'axe change les vitesses respectives des agens de la carde, dans les mêmes proportions que par la combinaison des enrenages de droite et de gauche.

	Nombre de dents.	Résultats des vitesse.
	18	:: 1 : 72 : 3
Pignons.	20	:: 1 : 66 : 3
	22	:: 1 : 60 : 3
	24	:: 1 : 54 : 3

On a vu, d'après le calcul fait au bas des tableaux des espèces de coton, que le gros tambour seul change de vitesse sans que le rapport I des cylindres alimentaires à 3 de tambour à rubans soit changé. Dans la carde en gros, le tambour qui reçoit la nape est environ de 6 pieds de circonférence. Il reçoit le mouvement du tambour à ruban, au moyen d'une poulie à plusieurs gorges, dite roue à engrénage, pour augmenter ou pour diminuer le tirage en proportion inverse de la force et de la finesse des filamens.

La proportion de vitesse, ci-dessus indiquée pour chaque espèce de coton, n'est pas absolument rigoureuse ; mais en la suivant, on est assuré d'obtenir un bon cardage, la soie ne sera pas trop fatiguée, les cardes seront ménagées et le travail sera bon.

On peut, il est vrai, diminuer ou augmenter cette vitesse, mais toujours dans une petite proportion. En la diminuant, le gros tambour fait moins de révolutions proportionnellement aux cylindres alimentaires qui lui fourniront la même quantité de coton. Quoiqu'il soit encore passable, le cardage sera moins parfait et sera plus mauvais à proportion de ce qu'on aura diminué la vitesse du gros tambour. En augmentant cette vitesse, on fera moins d'ouvrage dans le même temps, parce qu'on ne peut acquérir cette vitesse sans ralentir dans la proportion voulue par la marche des cylindres alimentaires ; on court risque alors de fatiguer la soie et d'en changer une partie en duvet.

Il est facile de changer la vitesse du tambour délivrant, et la vitesse des cylindres alimentaires. Comme dans presque tous les bons systèmes de cardes, le rapport des cylindres au tambour à ruban est dans la proportion de 1 à 3, alors pour obtenir plus ou moins de vitesse ou pour carder le coton plus ou moins bien, on change seulement le pignon d'axe. En le mettant plus grand, j'obtiens moins de cardage, en adaptant un pignon plus petit, j'en obtiens davantage.

Si le filateur voulait acquérir la vitesse en faisant faire au grand tambour un plus grand nombre de révolutions, il n'aurait pas besoin de ralentir la marche des cylindres alimentaires et le travail serait produit dans le même temps. L'extrême vélocité de mouvement du grand tambour abîme bien plus le coton qu'un travail lent et prolongé ; les cardes sont exposées

à plus d'accidens ; souvent elles s'échauffent et
dans ce cas font toujours moins d'usage. Il est
d'ailleurs reconnu que le gros tambour peut
faire 80 révolutions par minute et même davantage, et ce nombre est le terme moyen de la
vitesse.

Les fonctions du cylindre à ruban sont de dégager le gros tambour dans la même proportion
que les cylindres alimentaires qui lui fournissent
le coton ; il a donc fallu établir un rapport invariable entre l'agent qui fournit et l'agent qui
retire, afin que le gros tambour ne fût pas en-
gorgé ou dépourvu. Ce rapport est de 1 à 3.

En établissant le rapport de 1 à 3, on suppose que le cylindre à rubans avait 14 pouces
de diamètre, y compris les cardes. On peut sans
inconvénient augmenter ce diamètre, surtout
dans les longues soies, parce qu'il y a plus de
cardage entre le gros tambour et le tambour
délivrant ; la vitesse de mouvement de ce dernier diminue, et le mouvement devient plus régulier. Alors il faut réduire la vitesse, relativement aux cylindres alimentaires, dans la même
proportion qu'on aura augmenté le diamètre.

Ainsi, par l'augmentation du diamètre du tambour délivrant, sa plus grande circonférence divise bien mieux l'opération du cardage, et fatigue
moins le coton. La vitesse de ce cylindre étant

moins grande, ménage le ruban de carde qui
est moins souvent passé à l'émeril, et, supposé
que ce ruban eût un défaut, il serait moins sensible, parce qu'il serait moins répété.

Le système des engrenages droits présente
tant d'avantages que, dès son introduction, il a
été adopté par le plus grand nombre des filateurs. Il serait même à désirer qu'il fût généralement en usage dans tous les ateliers. Cette
adoption me fera passer sous silence les systèmes de cardes de M. Costigen, le système à
roues coniques, celui de M. Boudot, et plusieurs autres que le système des engrenages
droits doit entièrement faire oublier.

Dans la carde en gros, la charge ou la nape de
telle espèce de coton que ce soit, occupe 6 pieds
de long, sur 16 à 18 pouces de large, toujours 2
pouces de moins que la longueur des plaques
de cardes. La nape sortie du cylindre à rubans
et attachée sur le tambour à napes est formée,
on la coupe, puis on la soumet à l'action de la
carde en fin. La nape suit, dans cette machine,
la même marche que dans la carde en gros;
elle passe une seconde fois entre les cylindres
alimentaires, dont le diamètre est ordinairement de 14 à 15 lignes de diamètre, sur le gros
tambour, et enfin sur le tambour délivrant. C'est
alors que le coton étant détaché par le peigne, au

lieu d'être reçu sur le tambour de bois, est conduit entre les cylindres attireurs par le moyen d'un entonnoir ou conducteur, lesquels transforment la nape en ruban et la conduisent dans des pots préparés à cet effet. Le coton éprouve un léger étirage qu'on est obligé de lui donner pour maintenir la nape dans une telle tension qu'elle ne puisse retomber sous le peigne.

La quantité de déchet produite par le cardage est en raison de l'espèce de coton et de la vitesse du grand tambour. On estime en général que les déchets, pour les deux cardages, sont de 5 à 6 livres, quelquefois plus, quelquefois moins, suivant la longue ou la courte soie, et selon la vitesse du gros tambour.

Depuis environ dix ans, plusieurs filateurs ont adapté au-dessous du gros tambour une planche circulaire qui l'emboîte depuis les cylindres alimentaires jusqu'à 5 pouces au-dessous du petit tambour et à laquelle ils ont donné le nom de bain. Par cette méthode les beaux duvets sont employés, et les mauvais duvets seuls tombent entre le gros tambour et celui de devant.

Résultat du déchet obtenu sur 5oo livres de coton mélangé, deux tiers de castellamare et un tiers de souboujac.

Carde en gros.

Débourrures de cardes. . . . 4 liv. 8 onc.

   N. B. On les passe dans les gros numéros de 20 à 50.

Déchets des chapeaux 5   12
Bons duvets. 4   10
Duvets inférieurs. 2   2

Total 17

Carde en fin.

Débourrures des cardes. . . . 5 liv.

   N. B. On les repasse par petites parties dans les pesées.

Déchets des chapeaux 4   4
Bons duvets. 1   12
Duvets inférieurs 2

Total. . . . . . 13 liv.

Les deux cardages donnant 15 kilog. de déchets, il résulte une diminution de 6 kilog. sur 100. Les déchets de cardage étant de nature différente, sont différemment employés. Ils consistent en débourrures du gros tambour et des chapeaux, en duvets qui s'amassent dans les caisses de la carde, lesquels sont divisés en deux classes, et en débourrures du cylindre à ruban qui sont les meilleures. Il est encore une espèce de duvet qui, s'échappant de l'intérieur de la carde, se répand dans l'atelier ou s'attache sur la carde.

Dans le cas où le coton serait parfaitement épluché, les débourrures peuvent être remises au cardage en les mélangeant dans la proportion d'un seizième environ avec du coton bien cardé ; en supposant le coton mal épluché, il faudrait, au préalable, rééplucher ces débourrures avant de les remettre au cardage.

Les tambours et les chapeaux seront débourrés plus ou moins souvent, selon que les cotons seront plus ou moins sales et boutonneux. Les cotons de 1re classe demandent un débourrage de chapeaux à toutes les napes pour les numéros élevés; dans les cotons de 2e classe toutes les deux napes, pour les numéros 20 à 80 ; dans les 3e et 4e classes, à toutes les napes.

A chaque débourrage, il faut lever successivement deux chapeaux, l'un devant la carde, l'autre derrière, et ainsi de suite.

Ces préceptes ne sont pas absolument de rigueur; l'état du coton, la perfection qu'on veut obtenir dans le cardage, doivent faire varier le nombre des débourrages. En débourrant plus souvent, le cardage est plus parfait, mais la nape est plus inégale, parce que, dégagée du coton, le chapeau doit s'en revêtir; dès lors cette partie qu'il prend est en moins sur la nape, et de plus en déchets. Quoiqu'on tire parti des débourrures en les mélangeant, je ferai remarquer que cette soie, déjà fatiguée, nuit toujours dans la proportion du mélange, à la bonté, à la consistance, à la beauté du fil.

Le tambour à rubans sera débourré une fois par jour, si le ruban est en bon état; dans le cas contraire, on répètera deux fois l'opération.

Une des choses les plus importantes c'est le placement de la carde. Pour la placer convenablement, il faut établir le niveau du plancher; en cas d'impossibilité, on fixe des points d'appui nivelés pour porter le bâti, lequel étant posé doit, s'il est bien fait, se trouver d'aplomb; si le bâti était mal fait, et qu'il penchât soit par l'inégalité des poids, soit parce que la charpente serait torse, on rétablit le niveau du bâti, et avant de placer les tambours, on s'assure si les coussinets sont de même hauteur, s'ils sont solidement assuéjtis. On vérifiera si les douves sont bien serrées, si les tourillons sont de même diamètre; après qu'ils sont posés sur leurs coussinets on s'assurera de leur aplomb, en vérifiant si une douve prise à volonté est d'égale épaisseur à ses deux extrémités et à égale distance de l'axe (1) ; cette douve ainsi disposée, porte un niveau d'eau ou autre, lequel assure du niveau du tambour sur le bâti ; ensuite, on règle toutes les autres douves sur celle qui l'est déjà. A cet effet, on place derrière la carde, et aussi près qu'il est possible, un support dont le côté extérieur bien dressé doit être parallèle à la douve vérifiée ; cette face du support sert à conduire le grain d'orge et le ciseau destiné à tourner le tambour.

On appelle grain d'orge un morceau d'acier taillé en pointe à ses deux extrémités, fixé, au moyen d'un boulon, sur un morceau de bois servant de poignée. C'est ce morceau de bois qu'on appuie toujours en passant sur le support ; il sert à conduire le grain d'orge dont on règle la longueur d'une coulisse et qui ne laisse enlever du cylindre que la partie excédente. Puis on rapproche successivement le grain d'orge du

---

(1) S'il était possible de pouvoir fixer les croisillons de fonte ou de fer sur l'arbre du tambour de manière à ce qu'ils fussent parfaitement ronds, on conçoit facilement que la douve étant de même épaisseur à ses deux extrémités et étant posée sur les croisillons, il n'y aurait nullement besoin de vérifier si chaque douve est à égale distance du centre du tambour.

cylindre, jusqu'à ce qu'il ait atteint les parties creuses des douves.

Afin d'applanir les douves qui ne sont alors qu'ébauchées, on se sert d'un ciseau de deux pouces de large, monté comme le grain d'orge et qu'on dirige de la même manière.

Le tambour est parfaitement rond lorsque le ciseau ne trouve plus rien à enlever en appliquant sur la surface du tambour une règle bien dressée, et si l'opération a été bien faite, la règle y doit coïncider parfaitement. Si, dans une carde qui n'est pas neuve, les tourillons n'étaient pas égaux, il serait impossible de pouvoir régler les supports à égale distance des axes, il faut alors compenser la différence des diamètres de ces tourillons. A cet effet, on ajoute la moitié de l'excès du diamètre du plus grand carré à la distance qui a été donnée au support du côté du plus petit.

Voulant tourner un tambour qui aurait été couvert de cardes, il faudra préalablement faire rentrer les clous restés dans le bois, afin de ne pas abîmer le grain d'orge et le ciseau. Les trous seront exactement remplis avec du mastic, et avant d'être couvert de cardes, le gros tambour sera enduit d'huile.

Le cylindre à ruban et les cylindres alimentaires, doivent être parallèles au grand tambour, qui est fixe. Pour régler ce parallélisme, ces deux premiers agents ont leur axe posé sur des coussinets mobiles.

La machine à carder doit être solidement fixée, afin que les secousses qu'elle éprouve par l'impulsion donnée à son moteur et la résistance à vaincre ne la puisse nullement déranger. Il importe que la carde soit assujettie assez forte-pour ne pouvoir être enlevée, quelleque soit la force d'impulsion. Dans le cas où un accident changerait la direction ordinaire de cette force, il faut attacher la machine à carder de manière que les secousses qu'elle éprouve par son impulsion ne puissent pas la faire changer de place. Si les cardes sont assises sur un plancher, afin de les garantir de ces secousses violentes, si nuisibles au travail, on entourera les quatre pieds de la carde avec des petits liteaux fortement cloués au plancher. Si au contraire, la carde est assise sur des carreaux, on la fixera au moyen d'une fiche de fer mise à chaque pied. Il résultera de ces précautions que le contre-maître, et plus souvent encore les débourreurs, ne pourront avancer ni reculer les cardes, car on ne saurait trop prendre de mesures pour em-pêcher leur dérangement.

Les manufacturiers anglais bien pénétrés de cette vérité, ont généralement adopté des bâtis en fonte de fer, pour les machines à carder ; ils employent aussi des cercles de fer pour les tambours qui sont recouverts de douves en bois d'acajou, le meilleur et le plus sec, ou d'un bois qui ne soit pas sujet à se travailler. Quoique ces circonstances ne changent rien aux parties constitutives de la machine, on doit les considérer comme des améliorations très-importantes (1). La solidité d'un tel bâtis, lapermanence constante de ses formes, font que les tambours peuvent tourner plus près les uns des autres sans craindre de voir les dents des cardes se rencontrer les unes les autres, comme il arrive quelquefois avec les bâtis de bois. Les dents des plaques se détruisant avec promptitude, rendent le travail moins parfait. Cette observation s'applique également à toutes les autres pièces de la carde. L'Angleterre manque de bois, et cette marchandise y est d'un prix toujours fort élevé. Les anglais trouvent de l'économie à se servir de fer fondu ; d'ailleurs, en faisant jeter en fonte un grand nombre de pièces qui, toutes, sont du même modèle, elles reviennent moins cher.

---

(1) Au moment où j'écris, mars 1821, j'apprends d'un de nos meilleurs constructeurs, M. Calla , qu'il est chargé d'établir un certain nombre de cardes avec les bâtis en fonte.

Quant à la durée, à la stabilité, à la régularité et autres qualités non moins précieuses, il n'y a point de comparaison à établir. Cet avantage est d'autant plus grand pour l'Angleterre que beaucoup de fabriques sont à l'épreuve du feu ; la carcasse du bâtiment est en fer et en briques ; tous les étages sont voûtés, et il n'entre pas un seul morceau de bois dans toute la construction. Certes ce n'est pas un mince avantage que de pouvoir braver l'incendie, de sauver les frais de la compagnie d'assurance et le risque de perdre sa propriété.

On se sert dans un grand nombre d'ateliers de cardes doubles ; elles présentent beaucoup d'avantages et d'inconvéniens, comparées aux cardes simples ; je vais faire connaître les uns et les autres.

Le prix d'acquisition d'une carde double avec le tambour délivrant en cuivre, est moins élevé que le prix de deux cardes simples. La carde double occupe moins d'espace, demande moins de monde pour la soigner et donne le même résultat de travail. Enfin, il ne faut pas autant de force pour la faire marcher qu'il en faudrait pour deux cardes simples.

Mais le moindre dérangement qu'éprouve une carde double, oblige d'arrêter deux cardes à la fois. Elle est bien plus difficile à régler, en ce que le tambour, par sa longueur, est très-susceptible de perdre l'égalité de ses douves ; lorsqu'il faut le tourner, l'élasticité du bois, celle de l'axe excitée par la vélocité du mouvement, font céderles douves ou le centre sous le ciseau.

Dans la carde double il est bien plus difficile de mettre les cylindres parfaitement parallèles. Par leur plus grande longueur, ces cylindres étant beaucoup plus exposés aux variations atmosphériques, de là vient la nécessité de régler plus souvent la carde et le danger d'avoir fréquemment un ouvrage moins parfait.

Deux cardes simples débitent plus de marchandises, dans un temps donné, qu'une carde double dont le travail ne sera jamais aussi parfait. Si la carde double est généralement employée à Paris, ce n'est pas que son travail soit meilleur, tous les bons filateurs savent bien le contraire, mais seulement parce qu'elle occupe moins de placeque deux cardes simples. Il est reconnu, dans la fabrication, qu'au moyen de ces dernières on obtient un bien plus beau cardage qu'avec la carde double dont on ne peut faire usage pour les numéros très-élevés.

J'examinerai la question de savoir, quelle doit être dans une grande carderie la meilleure proportion dans le nombre des cardes en gros et des cardes en fin, qui, toutes deux, ont le même mouvement de vitesse aux cylindres.

La charge cardée par la carde en gros, est placée sur la carde en fin, dans la même longueur et dans le même poids, sauf les déchets. Il en résulte que, pour avoir un cardage bien fait, bien suivi, le nombre des cardes en fin doit être le même que celui des cardes en gros. Cette règle est très-rarement observée, parce que le filateur veut obtenir la même quantité d'ouvrage avec moins de machines, par conséquent moins de dépenses en force, en salaires d'ouvriers, et aussi avec moins de place. Les filateurs qui s'écartent le plus de cette règle, sont ceux qui cardent le moins bien.

Voici les proportions que l'on peut suivre sans faire un cardage trop défectueux, relativement aux numéros que l'on veut obtenir.

Pour filer du nᵒ 15 au nᵒ 3o, en coton du levant, on peut avoir une carde en gros et deux cardes en fin. Pour filer du nᵒ 3o au nᵒ 6o, la proportion des cardes en gros, peut être de deux pour trois cardes en fin.

Il est indispensable d'avoir pour les numéros fins, dits élevés ou supérieurs, le même nombre de cardes pour les deux cardages.

Dans ces proportions pour les nᵒˢ 15 à 3o et 3o à 6o, il y aura une grande différence dans le résultat du cardage ; la charge se trouvant doublée pour le premier, beaucoup de boutons ne pourront pas être divisés et le cardage en fin ne peut jamais entièrement réparer l'imperfection du cardage en gros. Cependant ces numéros bas peuvent contenir une portion de ces boutons, en supposant le cardage aussi bon qu'il doit être dans cette proportion ; pour les nos 30 à 60, le cardage sera meilleur, sans être parfait, et si les cardes sont en bon état et bien soignées, ce cardage sera ce qu'il doit être pour ces numéros.

Suivant les diverses espèces de coton, il faut se servir de différens numéros de carde. Les numéros de dents de cardes doivent être pour leur grosseur, en proportion de la charge de la carde et de la finesse de la soie. Ainsi plus la charge est forte, plus la dent sera grosse et longue et réciproquement.

Une forte charge en coton dur demande une dent encore plus forte, et je partirai de ce principe pour établir les proportions suivantes de numéros de fil de fer.

	Nos des plaques		Pour filer des Cotons.
Cardage. .	en gros. . . 20		nos 15 à 30.
	en fin. . . . 22		
Cardage. .	en gros. . . 22		nos 30 à 60.
	en fin. . . . 24		

Cardage. . $\left\{\begin{array}{l}\text{en gros. . . . 24}\\\text{en fin. . . . 28}\end{array}\right\}$ n°s 60 à 120.

Pour toutes les espèces de coton et pour la charge indiquée, ces numéros peuvent servir pour toutes les espèces de coton, et il m'eût été facile d'en donner un classement plus détaillé ; mais on sait, que dans toutes les filatures, on se sert des mêmes cardes pour les différentes espèces de coton. D'ailleurs, il serait aussi incommode que dispendieux de changer de carde chaque fois qu'on changerait de coton, et cela n'est pas praticable.

Le coton étant bien épluché et dégagé de toutes les matières qui pourraient abîmer la carde, est alors passé au cardage. Car si l'on s'avisait de vouloir carder sans, au préalable, avoir fait éplucher, les numéros des dents ne pourraient plus être les mêmes ; ces numéros devraient être d'autant plus forts, qu'ils auraient à rompre et à diviser des matières plus dures. La grosseur des dents est encore en raison de l'espèce de coton et de sa netteté. Si le coton n'est pas dégagé de ses pepins et autres ordures, les dents des cardes, quelque grosses qu'elles soient, deviendront trop faibles, surtout à l'égard des cotons du levant. Dans les longues soies, il en est plusieurs sortes que l'on peut carder sans avoir été épluchées. Mais, je le répète, tous ces cardages du coton qui n'a pas été nettoyé sont toujours mauvais et doivent être proscrits de la filature.

Voici le détail des soins que doivent avoir les individus employés dans la carderie, et chacun dans son emploi.

La peseuse remplira son emploi avec exactitude ; elle vérifiera si quelques ordures ne sont pas restées dans son coton, et dans le cas où la matière aurait été mal battue ou mal épluchée, elle en doit donner avis au contre-maître. Elle fera soigneusement les mélanges de la manière qui lui aura été prescrite par le contre-maître. Ses pesées seront déposées dans un pot de fer-blanc, ou dans un panier haut et long ; chaque pesée sera séparée par un carton percé d'un trou au milieu, afin qu'il y ait impossibilité de confondre les levées ; le rond en carton se lève au fur et à mesure de l'emploi des pesées.

Les charges doivent faire la nape dans la longueur positive ordonnée ; la chargeuse ou soigneuse place le coton sur la toile, bien également, toujours par pincées et jamais par poignées, en évitant de laisser aucun vide. En supposant qu'il y ait mélange de déchets dans la pesée, les chargeuses, ou soigneuses, porteront toute leur attention à ce que ces déchets soient également répartis sur toutes les parties de la nape.

La nape étant faite, une soigneuse tient les deux coins de son extrémité bien étendus en tous sens, tandis qu'une autre soigneuse tient l'extrémité opposée, celle où est le rouleau, et roule la nape bien serrée. La nape qui ne l'est pas, se défait et occasionne des vides au cardage.

Jamais les napes ne doivent poser par terre, où, malgré la propreté exigée, elles pourraient ramasser des ordures, et où l'humidité ferait ensuite attacher le coton à la toile; elles seront mises dans un panier, ou placées sur une table.

La soigneuse chargée de placer la nape aux cylindres alimentaires, veillera à ce que le commencement de cette nape suive immédiatement la nappe qui finit.

Les soigneuses placées au devant des cardes en gros, nettoyeront souvent le dessous des tambours à napes, afin qu'en les coupant, si elles traînent par terre, ces napes ne ramassent pas d'ordures. Les soigneuses couperont la nape à l'instant où il ne restera plus à passer qu'environ un pouce de cette nape aux cylindres alimentaires, puis elles la porteront de suite au peseur, chargé d'en vérifier le poids.

Elles tiendront très-propre le devant des cardes, ramasseront les duvets qui s'échappent soit sur les cylindres, soit sur le bâti, ceux qui tombent à terre, et les mettront dans le pot, ou le panier destiné à les contenir.

Après avoir débourré les chapeaux, le débourreur portera ses débourrures dans le pot ou le panier affecté à cet usage. En enlevant un chapeau, ou en le remettant en place, il lui arrive parfois, et faute de précaution, que ce chapeau lui échappant des mains tombe sur les cardes du gros tambour, où il peut occasionner un dommage considérable. Pour prévenir cet accident, on creusera le chapeau de chaque côté, afin qu'il soit plus facile à saisir et moins aisé à s'échapper. Il suffit d'ailleurs de serrer le chapeau assez fortement dans les mains, pour ne pas le laisser tomber soit en le levant, soit en le remettant en place.

Le débourrage du gros tambour se fait deux, trois, quatre fois et plus par jour, selon la qualité et la propreté du coton, suivant le numéro que l'on veut filer. Les cardes en gros seront débourrées deux ou trois fois de plus que les cardes en fin. Le contre-maître aura soin, lorsque les ouvriers finiront leur journée, de faire débourrer les cardes entièrement, afin que le lendemain matin les soigneuses, aussitôt leur arrivée, puissent se mettre au travail.

Les soigneuses chargées des cardes en fin,

vont prendre les napes mises dans un panier ou sur une table placée près de la peseuse, chargée d'en vérifier le poids, et les portent sur le derrière de la carde en fin. Les soigneuses auront l'attention de poser bien exactement le bout de la nape nouvelle au bout de la nape qui finit et sans les croiser.

Sitôt la journée achevée, les soigneuses renferment les duvets dans la boîte placée sous les cardes, en observant de mettre chaque espèce de duvet dans le panier qui lui est destiné, et de nettoyer toutes les parties de la carde, enfin de balayer le plancher.

Les soigneuses placées audevant de la carde en fin, détacheront le coton qui s'attacherait tant au peigne qu'aux cylindres attireurs, qu'elles nettoyeront souvent. Elles couperont les rubans à mesure que les pots seront pleins, et les remplaceront par des pots vides. Dès qu'elles s'apercevront que le ruban présente des inégalités, soit parce que la nape auroit été doublée sur le derrière, soit parce que la carde aurait marché à vide, soit, enfin, par toute autre cause, les soigneuses de devant couperont la partie inégale du ruban et rejoindront les deux bouts en les rapprochant, en les roulant entre les mains, mais toujours sans les croiser.

Le devant des cardes sera toujours très-proprement tenu ; on ramassera tous les duvets et même ceux qui seroient tombés par terre. A la fin de la journée, les soigneuses ôteront les duvets tombés sous le petit cylindre, lesquels étant d'une qualité supérieure, ne doivent pas être mêlés avec les duvets du gros tambour.

La soigneuse chargée de porter les pots aux étirages, n'étant pas toujours occupée, sera tenue de ramasser les cotons tombés à terre, et aidera ses compagnes dans l'entretien de la propreté des cardes.

CHAPITRE V.

Du Doubloir.

On donne le nom de doubloir à deux rouleaux en bois, de deux pouces de diamètre, qui tournent en sens inverse, et qui sont destinés à doubler les rubans sortant de la carde en fin, avant de les faire passer au laminoir ou étirage.

Le rouleau inférieur du doubloir porte, à l'extrémité de son arbre, une petite manivelle qu'un enfant fait tourner. Derrière les rouleaux sont des entonnoirs à fourchette dans lesquels deux rubans de cardes en fin sont accouplés, afin de passer entre les rouleaux pour n'en former qu'un. En tournant la manivelle, les deux rubans se réunissent, n'en forment qu'un, et celui-ci accouplé à un autre ruban également passé au doubloir est ensuite porté à l'étirage.

Le travail du doubloir facilite beaucoup celui du laminoir, en ce qu'il prévient le défaut de soins et d'attention. On conçoit aisément que le ruban de la carde en fin étant simple sera plus sujet à casser. D'ailleurs quatre rubans à changer donnent bien plus de peine à soigner que deux déjà doublés.

L'opération du doublage demande simplement les soins d'un enfant de huit à dix ans. Le travail est si doux, le mouvement si léger, qu'il faut peu de force pour faire agir la manivelle. On peut encore faire tourner le doubloir par le moyen du manége ; dans ce cas on fait un cran à l'un des montans, de manière que l'enfant puisse lever le rouleau d'un bout, le soulever, le remettre dans le cran, et de façon à ce qu'il ne tourne pas. Dès lors les rubans placés l'un sur l'autre ne marchant plus, l'enfant retire les pots qui sont vides, les remplace par d'autres qui sont pleins ; il rattache les bouts, et enfin, lorsqu'ils sont arrangés, l'enfant replace le rouleau su-périeur sur le rouleau inférieur, ce qui fait marcher les rubans.

CHAPITRE VI.

Du Laminoir.

MACHINE D'ÉTIRAGE, dite LE LAMINOIR, en anglais *Drawing frame.*

L'ÉTIRAGE ou laminage est l'opération de la filature qui, après le cardage, demande le plus de soin et d'attention ; il sert à alonger le ruban qui sort de la carde en fin, au moyen d'étirages successifs. Par ces étirages répétés, on obtient la disposition des filamens dans leur direction parallèle que n'avait pu suffisamment leur donner l'opération du cardage.

Les cotons à longues soies demandent un laminage plus fort et à une plus grande distance que les cotons à courtes soies.

Il y a plusieurs systèmes d'étirage, dont je traiterai successivement. Le premier système exige plus de rapprochement et moins d'étirage que les autres systèmes, en ce qu'il reçoit les premiers rubans sortant de la carde finissante ; alors

les filamens n'étant pas parallèles, ils présentent
moins de résistance au laminage, et lorsque les
filamens sont dans leur parallélisme, c'est-à-dire,
qu'ils sont placés les uns sur les autres, ils offrent plus de résistance et peuvent être plus
étirés.

Je suppose que le coton ait été mal cardé, cela
ne l'empêchera pas de produire un assez bon fil,
si le laminage a été bien fait ; je suppose au contraire le coton bien cardé, mais que le ruban
ait été coupé à l'étirage, il le sera alors partout, et produira un fil qui ne pourra pas être
employé. Ainsi c'est du coton bien laminé que
dépend, en grande partie, la force du fil.
Ayant divisé les cotons en quatre classes, j'indiquerai la manière dont ils doivent être travaillés,
en faisant seulement observer qu'à chaque
système d'étirage, il faut mettre quatre rubans.

Première qualité. On laminera cinq fois pour
les numéros élevés.

Deuxième et troisième qualités ; on laminera
dans quatre têtes ; la quatrième qualité est laminée trois fois.

Tableau de la révolution des cylindres à chaque système de laminoirs, suivant les différentes espèces de coton, et sans observer la différence des diamètres.

PREMIÈRE QUALITÉ.

Révolutions du cylindre de devant contre un de derrière.			Nombre de dents des pignons.	Diamètre des cylindres.
1er système	3 t.	1/3	30	le 1er 13 lig.
2 —	3 —	2/3	33	
3 —	4 —		36	le 2e 10 lig.
4 —	4 —	1/3	39	
5 —	4 —	2/3	42	

SECONDE ET TROISIÈME QUALITÉS.

1er système	3 t.		27	le 1er 12 lig.
2 —	3 —	1/3	30	
3 —	3 —	2/3	33	le 2e 10 lig.
4 —	4 —		36	

QUATRIÈME QUALITÉ.

1er système	2 t.	2/3	24	le 1er 12 lig.
2 —	3 —		27	le 2e 10 lig.
3 —	3 —	1/3	30	

La machine d'étirage se compose de plusieurs paires de cylindres ou systèmes, entre lesquels passe le coton. Chaque paire successive de cylindres est mise en mouvement par un rouage qui lui imprime une plus grande vélocité que la paire de cylindres qui le précède; il en résulte que la tranche ou bande de coton se trouve tirée comme si elle était tenue entre l'index et le pouce d'une main, et qu'à la distance d'un pouce ou deux, on tint la bande avec l'autre main. En écartant les mains à la distance de quatre pouces, il est évident que les deux pouces de la bande du coton auraient acquis quatre autres pouces de longueur.

Ainsi, les cylindres du premier système étant comprimés par un poids suffisant, tiennent ferme le ruban de coton lorsqu'il passe entre eux. La seconde paire de cylindres, placée à un pouce ou deux d'éloignement, est contrainte, par l'effet du rouage, à tourner plus vite.

La différence de vélocité n'est pas grande, mais elle contraint le ruban à s'alonger dans la même proportion, puisque les seconds cylindres enlèvent le coton plus vite que les premiers cylindres ne le laissent aller. Il en arrivera que le coton sera ou plus fortement arraché, ou contraint de s'alonger un peu dans l'intervalle qui sépare les cylindres, ou enfin, de se rompre. Quand l'extension est peu considérable, son seul effet consiste à tirer les fibres qui, dans leur état présent, sont placées dans toutes sortes de directions, à les redresser dans une position parallèle, qui est la plus favorable pour les extensions subséquentes.

Le laminoir contient un quatrième, et quelquefois même un cinquième systèmes, entre lesquels le ruban subit une nouvelle exten-

sion. Mais l'effet total de ces systèmes est de donner au fil de quatre à six fois plus de longueur
qu'il n'en avait lorsqu'on l'a soumis au travail. Il
en arriverait que le fil serait aussi réduit à un
quart de sa grosseur primitive, et ce n'est pas le
résultat que l'on veut obtenir; on introduit quatre rubans à la fois entre les cylindres, et ces
rubans se réunissent pour n'en former qu'un
seul. Ce dernier devient de quatre à six fois plus
long, suivant les qualités, et sans perdre beaucoup
du volume primitif que chaque ruban avait en
particulier. Ce procédé d'étirage est réitéré trois,
quatre et même cinq fois, et l'altération que le
coton en éprouve, c'est d'égaliser le calibre du
ruban d'après le même principe qui a guidé dans
l'emploi de la carde en gros, en répétant la combinaison de quatre fils ensemble pour les filer en
un seul. Ce procédé dispose aussi les fibres longitudinalement, et les place dans la situation d'un
parallelisme complet. L'opération du cardage
l'a produite jusqu'à un certain point; mais les
fibres quoique parallèles ne sont pas assez longitudinalement étendues, plusieurs sont même
pliées en double, parce que les dents de la
carde les saisissent souvent par le milieu, ce qui
rend les fibres crochues et les attache à ces dents.

Quoique l'arrangement général des fibres d'un
ruban soit longitudinal à la suite de l'action de

la carde enfin, néanmoins elles sont encore cour-
bées, repliées et entrelacées de manière à rendre absolument nécessaire l'opération du laminoir.

Lorsqu'à la sortie des cardes le coton a été
passé trois, quatre et cinq fois à la machine d'é-
tirage, chaque fibre se trouve être étendue dans
toute sa longueur, et disposée dans une situation
régulière et partout la même; en sorte qu'au
moment du filiage chacune des fibres prend la
situation qui lui convient, parce que toutes sont
droites et ont le même degré de tension.

En sortant du laminoir, le ruban présente
une belle apparence. La forme en est régulière,
les fibres sont bien étendues et si droites que le
ruban offre un coup-d'œil agréable, par le
brillant et le soyeux du coton.

Un métier à étirage se compose de quatre et de
cinq laminoirs parallèles. Chaque laminoir est
formé par deux et trois cylindres cannelés,
surmontés de deux ou de trois cylindres de fer
recouverts en peau; ces derniers pressent sur les
premiers par le moyen d'un poids ou romaine qui
appuie à leur deux extrémité ou à leur centre.

Les laminoirs à trois cylindres sont meilleurs
en général et préférés aux laminoirs à deux cylindres. Il est deux opérations d'alongement dans
les premiers. L'un se fait du cylindre de der-

rière à celui du milieu, et l'autre se fait de ce cylindre du milieu à celui de devant. Pour obtenir un alongement proportionné dans une paire de cylindres, l'étirage sera plus forcé que dans trois cylindres ; cela devient d'autant plus facile à sentir qu'il n'existe qu'une opération dans le système de deux cylindres , tandis que les laminoirs à trois cylindres en donnent deux.

L'étirage est moins forcé, les filamens du coton sont mieux placés dans leur parallelisme. Je ne saurais assez répéter que c'est toujours par des étirages doux et multipliés que l'on obtient le résultat désiré.

Les laminoirs sont placés sur deux supports en cuivre, et peuvent être rapprochés à volonté au moyen d'une coulisse qui permet de mouvoir les deux parties du support.

Le cylindre cannelé du premier laminoir, dit cylindre fournisseur, à dix lignes de diamètre ; le second cylindre cannelé, dit cylindre délivrant, à treize lignes de diamètre. Ces proportions de dix et de treize lignes sont généralement adoptées pour les longues soies ; les bons filateurs préfèrent les proportions indiquées. Ils donnent pour raison que les axes des cylindres étant moins écartés, on peut étirer avec moins d'inconvéniens le coton qui aurait moins de longueur que leur écartement.

12.

En conséquence, pour les premières espèces de coton, il est préférable de se servir de cylindres de dix et de treize lignes ; ces derniers n'exigent pas une aussi grande vitesse pour produire autant que ceux de dix et de douze lignes, et pour obtenir un étirage déterminé.

Le cylindre de devant est précédé de deux rouleaux en cuivre ou en bois, dits rouleaux attireurs.

Les rubans sortant des deux tables des cylindres cannelés arrivent en passant par un conducteur entre les rouleaux attireurs qui les conduisent dans des paniers ou des pots de fer-blanc.

Le gros cylindre cannelé est garni de deux poulies, l'une fixe et l'autre mobile. C'est par le moyen de la poulie fixe que le cylindre reçoit le mouvement d'un moteur pour le communiquer ensuite au reste de l'étirage.

A son autre extrémité, le cylindre cannelé porte un pignon fixe de dix-huit dents qui engrène avec une roue de trente-six dents, placée sur une petite tête de cheval.

Cette roue de trente-six dents porte un pignon de dix-huit dents, qui engrène dans une autre roue de trente-six dents, laquelle est fixée à vis au petit cylindre. Cette dernière roue s'appelle le régulateur, parce que c'est en variant ses diamètres ou le nombre de ses dents, qu'on obtient

les différentes vitesses pour les étirages successifs des quatre classes de coton.

Le cylindre attireur, placé sur le devant du
gros cylindre, pour les cylindres cannelés de
treize lignes de diamètre a vingt-sept lignes, et
pour les cylindres de douze lignes de diamètre
a vingt-cinq lignes.

Le cylindre attireur porte à son extrémité
une roue de trente-six dents, qui reçoit le mouvement du pignon de dix-huit dents porté par
le gros cylindre au moyen d'une roue de renvoi,
de quatre-vingt à quatre-vingt-dix dents, suivant la distance des rouleaux.

Il est essentiel que le coton n'éprouve que
fort peu d'alongement pendant son passage du
cylindre cannelé aux cylindres attireurs.

On place par table, dans toute la longueur du
cylindre, et sous le cylindre cannelé, une
brosse pour enlever les duvets, les boutons et
autres ordures qui se détachent du ruban.

Au-dessus des cylindres de pression, on place
au support une petite planche de pression appelée chapeau. Cette planche est entaillée dans la
forme du cylindre pour en couvrir toute la surface. Le chapeau est garni en drap pour mieux
retenir les duvets, les boutons, etc., qui s'échappent des rubans.

Sur le même bâti, on réunit plusieurs systèmes d'étirages simples ou doubles, en les plaçant à droite ou à gauche, un par un, ou deux par deux, suivant les localités.

L'ensemble de ces différens étirages, dont le nombre sera de quatre ou de cinq, compose le laminoir, ou machine à étirer, et chacun des étirages prend alors le nom de tête d'étirage.

On sait qu'il est avantageux de donner un alongement successif au coton. Le diamètre étant le même dans toutes les têtes d'étirage, on n'obtient cet alongement successif qu'en augmentant les vitesses d'après le rapport voulu. Pour avoir cette augmentation, il suffit de changer la roue de trente-six dents fixée à vis au petit cylindre, et dite le régulateur.

On proportionne la quantité d'étirage nécessaire par le degré de vitesse. Mais si, pour obtenir ce changement, il fallait augmenter ou diminuer le diamètre des cylindres, cela deviendrait trop dispendieux. Il est bien plus simple et plus aisé de changer le pignon régulateur, afin d'obtenir plus ou moins d'étirage.

Les qualités qui constituent un bon laminoir, sont que toutes les pièces soient bien faites et de bonnes matières ; il importe que les cylindres, bien parallèles entre eux, soient dans la proportion de leur diamètre, que le bâti soit fort et suffisamment assujéti, afin que la machine n'éprouve point de tremblement.

Les cylindres cannelés seront bien cylindriques, et leur tourillon bien arrondi ; ils tourneront dans leurs supports, sans être ni trop lâches ni trop serrés. La cannelure sera divisée dans la proportion convenable ; c'est-à-dire, qu'un cylindre de treize lignes de diamètre aura soixante cannelures pour les cylindres de devant, et supposant ceux de derrière de dix lignes de diamètre, ils porteront quarante-cinq cannelures, ou de douze lignes de diamètre, cinquante-quatre cannelures. Les cannelures des cylindres doivent être saines, c'est-à-dire, sans défaut.

Les deux porte-cylindres de droite et de gauche seront parallèles, bien dressés et bien polis. Les cylindres de pression, couverts en peau, auront le cuir parfaitement tendre. On ne saurait trop recommander que toutes les parties par lesquelles passe ou touche le coton soient toujours nettes, propres, droites et bien polies.

Le laminoir sera toujours de niveau dans toutes ses parties. Les engrenages seront dans la proportion indiquée : en diminuant le nombre des dents, on augmente les secousses ; il faut donc que les dents engrènent avec précision :

trop petites pour leur diamètre, elles occasion-
nent des cahotemens dans les mouvemens pré-
cipités.

Le système complet des étirages étant composé de quatre et de cinq têtes, il faut, pour les
servir, deux ouvrières placées l'une par devant,
l'autre par derrière. Le choix de ces femmes
n'est pas indifférent; car en se trompant de tête
d'étirage, et en passant plus ou moins de rubans,
elles causent des inégalités qu'il est impossible
de pouvoir réparer.

Les soigneuses alimenteront chaque tête d'é-
tirage, selon la manière qui leur aura été prescrite; celle de devant placera les pots au nombre
indiqué, devant la tête d'étirage qui suit immédiatement. Dès qu'un ruban finit, elles veilleront
à ce qu'il y ait de suite un autre ruban d'attaché
au bout de celui qui finit, afin de ne pas laisser
passer des bouts simples, ou en moindre quantité
que celle qui est demandée; elles attacheront les
deux bouts, mais sans les croiser, et les ajoute-
ront bout à bout; enfin, en tirant très-peu les
filamens d'un bout vers l'autre, elles les feront
tenir ensemble en les roulant entre les mains.

Les pots seront tenus proprement; et avant
de les placer, la soigneuse s'assure qu'il n'y a
dedans aucune ordure du duvet, et même du
coton, parce que ces matières occasionneraient

des inégalités. La soigneuse nettoie les chapeaux de demi-heure en demi-heure, et les brosse trois fois par jour.

En huilant les tourillons et les supports, la soigneuse apportera la plus grande attention à répandre ou à mettre de l'huile sur les cylindres de pression et sur les cylindres cannelés. L'huile endommage les cylindres, et y fait attacher le coton.

Deux fois par jour le bâti de la machine et les autres pièces seront entièrement nettoyés. Les duvets retirés des brosses et des chapeaux sont déposés dans un pot à part, afin de ne pas être mêlés avec les déchets qui proviennent des rubans cassés aux étirages. Les déchets sont réunis avec ceux des cardes, et repassés dans les pesées pour être recardés avec le bon coton.

On reconnaît en principe, pour la perfection de la filature, de donner un étirage progressif aux différentes espèces de coton : ce principe est très-facile à suivre ; car il suffit seulement de disposer chaque système. J'ai déjà dit que, pour le premier système, on étirait moins, et j'en ai développé les causes.

Les ouvrières chargées du soin des laminoirs commettent souvent des erreurs en plaçant les pots, et en mettant l'un à la place de l'autre. Il serait à désirer, afin de prévenir ces erreurs, que les pots des différentes têtes d'étirages fussent distingués par des marques assez apparentes, afin qu'il fut impossible de pouvoir les confondre. Les pots de la première tête ont besoin d'être plus grands, parce qu'ils contiennent une plus grande quantité de coton à fournir, et que, les rubans étant plus forts, ils peuvent, avec moins de danger, être éloignés des étirages. Les pots de la seconde tête seront plus grands que ceux de la troisième, et ainsi de suite. Ainsi, je proposerai de faire peindre les pots d'u e couleur différente pour chaque tête, et de les faire construire sur les mesures suivantes :

	Hauteur.	Diamètre.	Couleur.
1ere tête....	24 pouces....	10 pouces....	rouge.
2e tête....	24 pouces....	9 pouces....	bleu.
3e tête....	22 pouces....	8 pouces....	blanc.
4e tête....	22 pouces....	7 pouces....	orange.
5e tête....	20 pouces....	6 pouces....	olive.

Dans quelques ateliers, au lieu de peindre entièrement les pots, on n'emploie qu'une raye en couleur sur les pots de la première tête, deux rayes pour ceux de la seconde, et ainsi de suite.

CHAPITRE VII.

Du Système de Lanternes, ou du Boudinoir dit
second Système d'Étirage.

En anglais, the Roving; *le rangeur.*

L'EFFET général de ce procédé est de tendre
le ruban qui est encore massif, et de le tordre
en même temps qu'il est alongé. Par l'effet de
la machine, tout le ruban est étendu et tordu au
même degré d'extension ; mais tout cela ne peut
pas être fait à la fois. Le ruban ne peut pas d'a-
bord être tiré à la longueur qu'il doit avoir à la
fin, celle d'un dixième de pouce, puis être tordu.
Il n'a point acquis encore assez de cohésion
pour cela, un morceau de ruban se romperait,
et ne serait d'aucun usage ; car les fibres du coton y sont très-peu adhérentes entre elles, les
opérations précédentes les ayant rendues parallèles. En effet, quoique les fibres se trouvent un
peu comprimées par la réduction d'une nape
ou toison de dix-huit à vingt pouces de large à

un ruban qui, à peine, en a deux, qui dimi-
nuent encore par la pression de la machine d'é-
tirage, cependant les fibres adhèrent si légèrement entre elles, que l'on ne peut en alonger
quelques-unes sans en attirer plusieurs autres à
leur suite. C'est pour ces motifs que toute la largeur et l'épaisseur du ruban sont sur une longueur de deux ou trois pouces tirés d'une très-
petite quantité ; c'est pourquoi on leur donne
un très-léger degré de torsion, environ deux ou
trois tours ; ce qui fait prendre au ruban la
forme d'un cylindre spongieux et mou, qui ne
peut pas être considéré comme un gros fil, puisqu'il n'a point encore de solidité ; qu'il est seulement arrondi, et plus délié qu'auparavant ;
enfin, qu'il n'a guère acquis plus de quatre fois
au-delà de sa première longueur.

Le boudinage s'exécute au moyen de machines d'une grande variété de formes qui ont
toutes le même objet, celui d'alonger le ruban
et de l'amener à l'état d'un gros fil lâche. Trop
d'extension donnerait au ruban une si grande
faiblesse, qu'il résisterait difficilement en passant
aux machines subséquentes. Si le ruban, après
avoir été alongé par les cylindres du boudinage,
n'éprouvait pas cette faible torsion dont il a été
parlé, il ne pourrat pas devenir ce fil mou, premier élément du véritable fil ; car la torsion a

lié ensemble toutes les fibres, et les a comprimées en travers. Le ruban boudiné peut alors
supporter deux fois plus de force pour séparer
une fibre de celles qui l'environnent, mais non
pas celle qui pourrait le rompre. En alongeant
une seule fibre, d'autres sont entraînées avec
elle. Si, dans cet assemblage, on prend un espace d'un pouce en le tenant au-dessus et au-
dessous, on lui donnera deux fois cette longueur
sans craindre d'en séparer quelque portion intermédiaire, ni qu'une portion devienne plus
faible que l'autre ; enfin, le coton se montre égal
dans toutes ses parties.

Ces procédés procurent donc tout ce qu'on a
droit d'en attendre ; ils donnent un produit uniforme, mou et susceptible de recevoir encore
une nouvelle extension.

Il est évident que le boudinage doit être extrêmement uniforme, et cette uniformité passe
toute attente. En effet, s'il existe quelques inégalités dans la nape, non de ces boutons que la
carde ne peut égaliser, mais que ces inégalités
consistent en un peu plus ou un peu moins d'é-
paisseur dans la distribution du coton à une
place ou à une autre, elles auront déjà subi une
grande diminution par le passage du coton dans
la carde en fin ; et lorsqu'une portion d'un tel
ruban passera sous les premiers cylindres du

laminoir, elle sera bientôt plus étendue par les seconds cylindres. Afin que le travail soit fait d'une manière certaine, le poids des premiers cylindres sera fort léger, en sorte que la portion du milieu du ruban peut y être alongée, tandis que les parties extérieures sont promptement arrêtées.

Ainsi, par l'opération du boudinage, on donne aux rubans un premier degré de tors, pour qu'ils aient la consistance nécessaire, afin de pouvoir passer à la filature en gros. Ces rubans reçoivent en même temps une proportion d'étirage, en raison de la longueur des filamens, et d'après les mêmes principes que pour les étirages antérieurs.

Le métier de lanternes dit le boudinoir, ou machine à boudiner, est construit sur le même plan que le laminoir. La seule différence qui existe entre les deux mécaniques est que, dans le boudinoir, les cylindres attireurs sont supprimés, et remplacés par des pots en fer-blanc ou en étain, qu'on appelle lanternes.

La lanterne est un vase fermé d'une porte qui présente la forme d'une espèce de cône tronqué. Elle porte à sa base inférieure un pivot roulant dans une crapaudine en cuivre, et un entonnoir en cuivre à sa partie supérieure, lequel est fixé dans l'épaisseur de la planche par des vis, et la dépasse de dix-huit lignes environ. Du côté opposé au pivot est un petit plateau ajusté dans la lanterne ; il porte également un petit entonnoir en cuivre dont le bout , qui dépasse de treize lignes, entre dans le grand : celui-ci est solidement fixé par le haut. Quant au pivot du bas de la lanterne, il tourne , comme on l'a dit, dans une crapaudine en cuivre.

On adapte à la base inférieure une poulie à plusieurs gorges ; au moyen de cette poulie la lanterne reçoit un mouvement de rotation , et communique au ruban introduit dans l'entonnoir un léger tors, qui le fait nommer boudin.

Une petite porte, qui s'ouvre à volonté pour retirer le boudin, est pratiquée à la surface de la lanterne.

Par le moyen d'une corde, ou mieux encore d'une courroie, la gorge à poulie reç it le mouvement d'une autre poulie placée à l'extrémité du gros cylindre cannelé.

De même que, dans la machine à étirer, chaque système de laminage est composé de deux laminoirs et de deux lanternes.

Pour donner le mouvement aux lanternes, on employait un tambour ; mais ce moyen, qui est vicieux, a été généralement abandonné.

Le boudinoir étant à peu de chose près, semblable à la machine à étirer, les règles pour la construction de l'une sont applicables à l'autre. De même que le laminoir, la machine est divisée par systèmes, et chaque système se compose de deux lanternes.

La lanterne aura vingt-deux pouces de hauteur, six pouces de diamètre à sa base, quatre pouces six lignes à la partie supérieure; afin de faciliter l'entrée du boudin, la bouche des lanternes aura huit lignes à seize lignes d'évasement. Construite dans une plus grande proportion, le coton se mêlerait surtout dans le fond. Ce vice est encore plus sensible dans les lanternes dont l'entonnoir tourne; voici pourquoi : le mouvement de rotation, faisant entrer l'air avec trop d'abondance, contribue singulièrement à mêler le coton. Le boudin se fait beaucoup mieux dans une petite lanterne, mais on augmente un peu les déchets par la nécessité des vuides, et cette méthode cause aussi plus de perte de temps.

Le pivot sur lequel tourne la lanterne sera tenu solidement par un écrou rond en dedans et à fleur du plateau; ce pivot est placé à la partie inférieure, tournée en forme oblongue ou de poire, afin d'occasionner moins de frottement. La crapaudine en cuivre sur laquelle t urne le pivot est fixée à vis dans le bâtis et sur une traverse qui passe sous les lanternes.

Le mouvement de rotation des lanternes est toujours proportionnné à la grosseur du boudin et à la quantité délivrée par le cylindre fournisseur. Cette vitesse se change au moyen des gorges de la poulie des lanternes, la vitesse des cylindres étant toujours la même. C'est par la vitesse des lanternes que l'on règle le tors du boudin. Ce degré de tors à donner suivant la force des filamens pourrait être réglé mathématiquement; malgré l'exactitude des calculs, on ne doit pas y tenir rigoureusement. A poids égal de boudin passé aux diverses opérations de doublage, étirage et lanternes, le coton longue soie exige moins de tors parce qu'il en prend davantage, au lieu que le coton courte soie, dont les filamens ont moins d'adhérence, demandera plus de tors, attendu qu'il en prend moins. Au surplus, la pratique seule apprend à connaître précisément le degré de tors convenable.

Les soins à apporter aux lanternes sont les mêmes qu'aux étirages. Elles demandent deux ouvrières pour les soigner, l'une par devant, l'autre par derrière. Après dix à douze minutes de travail, quand, par son mouvement de rotation, la lanterne fait craindre que le boudin ne sorte par l'entonnoir, la soigneuse arrête la lanterne une minute ou deux pour laisser au

boudin le temps de se serrer et par conséquent
d'occuper moins de place. L'ouvrière profite
aussi de ce moment d'arrêt pour ouvrir la lanterne et presser légèrement le boudin afin de
le faire descendre.

Lorsque la lanterne est remplie, ce qui se
voit quand le boudin ne tire plus, la soigneuse
en tire le coton. Pour cela, elle introduit les
quatre doigts de la main dans le creux que
forme le boudin; elle tient le pouce en dehors,
en l'abaissant jusqu'à ce qu'il rencontre les
doigts, serre le boudin et facilite tant sa sortie
de la lanterne que le transport, sans mêler les
filamens.

Le collet de la lanterne sera huilé une fois par
jour, mais très-légèrement; la crapaudine le
sera tous les deux jours seulement.

Les soigneuses s'assureront que la courroie
ou la corde qui communique le mouvement
aux lanternes est serrée convenablement; étant
trop lâche, le boudin ne serait pas suffisamment
tors, trop serrée la machine serait plus lourde.

Elles rattachent les bouts du boudin lorsqu'ils
se cassent, et ôtent les inégalités dès qu'elles en
aperçoivent.

Les déchets des boudins non tors sont mêlés
avec ceux des étirages. Les déchets des boudins
tors sont mis à part pour être détordus et di-

visés par petits bouts avant d'être réunis aux premiers déchets.

Il y a également une grande surveillance à exercer dans les opérations de l'étirage et des lanternes. Dans les grands établissemens, cette surveillance appartient au contre-maître, mais dans les filatures de seconde classe, on nomme une surveillante aux laminoirs et aux lanternes, laquelle est choisie parmi les ouvrières qui montrent le plus d'intelligence.

Le contre-maître ou son substitut veilleront à ce que les ouvriers remplissent exactement leurs devoirs ; ils examineront si les cylindres de pression ne coupent pas le ruban, ce qui provient par défaut de charge, de couverture ou de rondeur. Ils répisseront les cordes avec économie et préviendront le chef d'atelier des inconvéniens qu'ils apercevront dans les machines ; ils n'y feront aucun changement sans en avoir reçu l'ordre, et proposeront seulement ceux qu'ils jugeront être convenables.

Les déchets du laminoir et du boudinoir, dont la proportion est en raison de l'espèce de coton, du bon état des machines, du soin des ouvriers, sont repassés par petites parties dans les pesées.

13.

CHAPITRE VIII.

De la nécessité d'avoir des cylindres d'un égal diamètre.

—

Le filateur ne peut apporter trop de soin dans la régularité du diamètre des cylindres du laminoir et du boudinoir. Ces cylindres portent deux tables cannelées, et dans le cas où ces tablettes ne seraient pas d'une grande égalité, la tablette la plus forte fournirait, dans un tour, plus de longueur de ruban que le côté foible; alors les deux lames de droite et de gauche n'étant pas également tendues, produisent nécessairement un travail irrégulier.

Il en sera de même à l'égard des cylindres de pression. Pour obtenir un bon laminage, il ne suffit pas d'avoir des cylindres cannelés parfaitement ronds et d'égal diamètre, il faut encore que le rouleau de pression, avant d'être recouvert par le drap, ait les mêmes qualités qu'on recherche dans les cylindres cannelés; le drap qui couvre le rouleau sera d'épaisseur égale, sans cela les tablettes n'auraient pas l'égalité désirée.

Le rouleau ou cylindre de pression est en fer sur lequel on colle une première épaisseur de drap, la seconde est seulement cousue avec du fil un peu fin; la jonction de la première épaisseur de drap sera recouverte par la seconde, et le tout renfermé dans un cuir ou tube sans couture, fixé aux deux extrémités, au moyen de la colle forte.

Il est des filatures qui suppriment le cuir et le remplacent par une bande de parchemin ou de fort papier qu'ils collent sur le drap. Ce moyen est assez généralement employé dans les établissemens où l'on file des numéros peu élevés, et dans les ateliers humides.

CHAPITRE IX.

Du Bobinage et du Bobinoir.

Je traiterai brièvement du bobinage à cause de son peu d'emploi dans nos manufactures. J'aurais passé sous silence cet article, si les Anglais, nos maîtres et maintenant nos rivaux, ne faisaient usage de cette méthode.

Le coton en boudin sortant de la lanterne est mis dans un panier et distribué dans des cases placées derrière le métier en doux; une barre ou rouleau de bois longe les cases; elle est placée derrière le cylindre alimentaire au moyen de poulies ou engrenages et porte le boudin des cases au cylindre alimentaire, dans une vitesse proportionnée à celle de ce cylindre.

Au lieu d'une barre mobile qui conduit le boudin, des filateurs mettent une barre fixe recouverte en fer-blanc ou une forte baguette garnie en cuivre et formant le demi-cercle; elle est faite de manière à ne présenter aucune résistance au passage du boudin qui glisse sur la planche, et qui est alors attiré par le cylindre alimentaire. Ce dernier moyen l'emporte de beaucoup sur l'autre, les boucles se détachent plus facilement et se présentent plus tendues au premier cylindre.

Le bobinage a donc pour objet de supprimer les cases et la barre. Au lieu d'être transporté dans ces cases, le boudin sortant des lanternes est déposé sur une planche à portée du bobinoir.

Le bobinoir consiste en un grand cylindre de quinze à dix-huit pouces de diamètre, de huit à dix pouces de large; une manivelle est fixe à l'axe de ce cylindre, qui est porté sur deux supports dont les branches excèdent de cinq à six pouces en partie supérieure. La bobine est posée entre ces deux branches et au défaut du cylindre.

En tournant la manivelle d'une main, la bobineuse dirige également le boudin sur la longueur de la bobine. On appelle bobine un cylindre en bois de huit lignes de diamètre, de la longueur de huit à dix pouces en dedans des rondelles en bois de trois pouces de diamètre qui terminent les extrémités de la bobine. Au milieu des rondelles et à l'extérieur sort de chaque bobine une pointe en fer enfoncée de dix à douze lignes, et qui dépasse de douze à quinze lignes. Elles servent à placer la bobine derrière le métier en gros et à faciliter son mouvement de rotation sur une crapaudine placée à la partie inférieure.

Afin de ne pas mêler les boudins, la bobineuse les prend avec soin dans le panier, et les pose sur le plancher à quatre pieds environ du cylindre, afin qu'il se dégagent plus facilement. Lorsque roulant sur la bobine, le boudin vient à casser, la bobineuse retourne soigneusement le boudin; pour le rattacher, elle rapproche les deux extrémités sans jamais les croiser, puis elle les roule entre les paumes de la main, afin de les faire tenir ensemble. Dans le cas où quelques parties du boudin seraient passées simples ou plus que doublées ou n'étant pas suffisamment torses, la soigneuse les supprime et puis les rattache.

En dirigeant le boudin sur la bobine, la soigneuse la remplit également et successivement dans toutes ses parties; elle évitera, comme il arrive trop souvent, d'emplir d'abord une partie de bobine et ensuite une autre, ce qui fait casser le boudin à la filature en doux.

Elle observera de tenir très-proprement la place où est posé le boudin et de déposer au fur et à mesure les bobines dans un panier ou une caisse.

Le bobinage rend quelques déchets qui sont

mêlés avec ceux qui proviennent des lanternes. Leur quantité dépend de l'état du boudin, sortant des lanternes, de la qualité du coton et du défaut d'attention des soigneuses et de la bobineuse.

CHAPITRE X.

De la Filature.

SECTION PREMIÈRE.

De la Filature en doux ou en gros, dite le Billy.

La machine à filer en gros est celle dans laquelle le boudin est étendu et tiré au degré de finesse que l'on se propose d'atteindre ; la torsion, l'alongement et l'étirage convenables lui étant donnés, on a le fil voulu. Le métier en doux est pourvu d'un système de trois cylindres pareils à ceux que nous verrons dans les métiers en fin entre lequels le boudin passe. Ce boudin est alongé selon la force et la finesse que l'on veut donner au fil. Ainsi le filage en gros ne diffère pas extrêmement de l'opération du boudinage, si ce n'est par le degré de force, d'alongement, de torsion et de tension qui est donné au fil dans sa longueur. La perfection du travail dépend, en grande partie, de la souplesse du boudin ; cette souplesse rend le fil susceptible d'une égale extension, et toutes les fibres se séparent d'une manière uniforme.

Le métier à filer en doux se compose de deux parties distinctes, et qui, mues par le même moteur, ont cependant chacune des vitesses indépendantes dans leur action. Ces deux parties sont les laminoirs ou cylindres cannelés et le chariot qui porte les broches.

Les laminoirs sont composés de trois cylindres cannelés surmontés de rouleaux ou cylindres de pression. Ces cylindres cannelés, placés sur trois rangs, sont posés horizontalement sur des supports à coulisses qui permettent d'écarter ou de rapprocher à volonté les deux premiers rangs; les cylindres sont divisés en un nombre de parties égales que l'on nomme tables, et ce nombre est ordinairement de six; le cylindre a quatorze pouces de longueur, et le nombre des cannelures est en raison du diamètre des cylindres.

Les cannelures des cylindres du métier en doux seront plus grosses et plus profondes que les cannelures des cylindres du métier en fin. Le diamètre des cylindres de dix et douze lignes est préféré pour les métiers en gros. Les cylindres de dix lignes portent quarante-cinq cannelures, et ceux de douze lignes en portent cinquante-cinq. Plus la cannelure est grosse et profonde, moins il faut de pression.

On avait pensé que, par la finesse des cannelures, on pouvait obtenir une plus grande per-fection dans le filage; l'expérience a prouvé le contraire. Une cannelure très-fine ne peut être profonde, et il faut alors une plus forte pres-sion pour que l'étirage soit régulièrement fait.

L'écartement des cylindres est également en raison de l'espèce de coton.

La proportion du diamètre des cylindres cannelés qui a été indiquée, offre l'avantage de pouvoir filer en gros avec plus de perfection les cotons de toutes qualités; il est d'autant plus aisé de concevoir cet avantage, qu'on peut rap-procher assez les cylindres pour la longueur des filamens de ces diverses espèces de coton.

Les trois rangs de cylindres sont unis par des engrenages placés à leurs extrémités.

Le premier rang de cylindres, celui qui est par derrière, fait les fonctions de cylindres alimentaires; il est destiné à fournir le coton aux autres rangs.

Le rapport de vitesse de ce premier rang de derrière au rang du milieu est invariable; il est de : : 14 : 16; le rang du milieu est avec celui de devant : : 1 : 5 : 6 : 7 : 8 : 9 : 10, selon les qualités de coton et le degré de finesse que l'on veut donner au fil.

Cette tension a seulement pour objet de tenir le coton tendu, pour préparer l'étirage qu'il reçoit lors de son passage du cylindre du milieu à celui de devant.

Le rang du milieu sert à préparer ; son écartement est à volonté, relativement au rang de derrière, et il n'influe en rien sur la perfection de la filature ; il est ordinairement de quatorze lignes du centre au centre, et on le peut porter sans inconvénient jusqu'à quinze lignes.

Dans les nouveaux métiers construits par M. Philippe Revel, les rapports diffèrent de l'écartement du cylindre de derrière à celui du milieu. Le cylindre de derrière faisant un tour, le cylindre du milieu en fait deux et celui de devant en fait trois.

Par ce système, le laminage est beaucoup mieux raisonné, parce que l'étirage se fait progressivement.

Le rapport des vitesses du rang de cylindres de devant, relativement au rang de derrière, est en raison de l'étirage que l'on veut donner au coton. Son écartement relativement au cylindre du milieu est en raison de la longueur des filamens.

Il a été dit que l'étirage à la filature en gros devait être : : 2 1/2 pour la courte soie, et : : 5 6 pour la longue soie.

L'écartement doit excéder de fort peu la longueur de la soie ; la transmission du mouvement de ces cylindres s'opère de la manière suivante :

Le rang de cylindres de devant reçoit le mouvement de la roue motrice, au moyen d'un arbre et de quatres roues d'angles. Le changement de deux roues d'angles seulement, fournit le moyen de varier le tors à volonté.

La roue d'angle placée du côté du moteur, à l'extrémité de ce premier cylindre, engrène dans une roue d'angle placée au bout d'un arbre incliné, qui reçoit le mouvement d'une roue d'angle portée par l'arbre du moteur engrenant avec une quatrième roue, que ce même arbre porte à sa partie supérieure.

Le premier rang de cylindres, à ses deux extrémités et à deux pouces environ du collet, porte un pignon de l'épaisseur d'un pouce, armé de vingt et une à vingt-quatre dents. Ce pignon donne le mouvement au chariot et aux cylindres de derrière, par une suite d'engrenages que je vais faire connaître.

Le cylindre de derrière porte à son extrémité une roue de quarante dents, qui engrène avec un pignon ajusté à vis sur une autre roue de soixante-six dents, laquelle reçoit le mouvement du pignon de vingt-deux dents du premier rang de cylindres ; cette roue de soixante-six dents est portée par un support nommé *tête de cheval;* dans les meilleures constructions, cette roue est fixée sur un petit arbre tourné à ses deux extrémités, lequel porte une petite embase et un écrou au milieu pour serrer la roue sur l'embase. Par ce moyen, la roue conserve toujours la ligne perpendiculaire et ne peut nullement vaciller. Le pignon porté par cette roue est appelé *pignon régulateur;* c'est par son moyen que l'on varie à volonté l'étirage et par conséquent la finesse du fil. Le cylindre porte à son autre extrémité un pignon de seize dents, et le cylindre du milieu un pignon de quatorze dents; une roue engrenant à la fois avec ces deux pignons et portée par le support dit tête de cheval, transmet le mouvement du cylindre de derrière à celui du milieu.

Dans l'ancienne construction, on plaçait sur la même ligne les deux petits pignons des cylindres de derrière et ceux du milieu. Il a été reconnu que, par cette disposition, on ne pouvait nullement augmenter leur diamètre, attendu que les deux cylindres étant fixes, les pignons se touchaient. Pour obvier à cet inconvénient, on les a placés l'un à côté de l'autre; par ce moyen leur diamètre a été augmenté, les mouvemens sont devenus plus réguliers. Seulement la roue intermédiaire a reçu deux lignes d'épaisseur de plus que les deux petits pignons.

Je vais indiquer un moyen de régler la pression sur les cylindres d'étirage, dans les métiers
en doux et en fin. On a vu que, dans les Mull-
Jennys, le fil passait entre trois paires de cylindres montés dans une même cage. Ces cylindres,
comme on le sait, ont des vitesses de rotation
différentes, et la pression des cylindres supérieurs sur les cylindres inférieurs ne doit pas
être la même dans les trois paires.

C'est de cette pression bien ordonnée, autant
que des vitesses relatives des cylindres étireurs,
que dépend le succès du filage.

Le mécanisme ordinairement employé pour
régler cette pression, consiste en deux selletes ;
la première repose sur les collets du rouleau du
milieu et du rouleau de derrière; la seconde
s'appuie par un bout sur la première sellette et
par l'autre bout sur le collet du rouleau de devant. Une bride placée sur la seconde sellette,
passe entre le rouleau de devant et le rouleau
du milieu. Cette bride vient s'accrocher au levier d'une espèce de balance romaine, sur lequel
est fixé un poids plus ou moins lourd. Ce poids,
qui produit seul la pression sur sur les trois cylindres, peut être éloigné ou rapproché à volonté du point d'appui de la romaine; la bride
peut également être accrochée plus ou moins
près du cylindre de devant. Enfin la sec onde

sellette peut être placée de manière que le bout qui repose sur la première, soit plus ou moins près du cylindre du milieu. On s'apercevra facilement que tous ces moyens combinés, on peut régler à sa volonté la pression absolue sur tous les cylindres et la pression relative sur chacun d'eux.

La pression étant réglée, telle qu'elle convient pour la qualité de coton et l'espèce de fil qu'on veut obtenir, elle doit rester la même dans tout le cours d'une même fabrication; lorsque les ouvriers enlèvent les selettes pour nettoyer les rouleaux de pression, ils doivent apporter la plus grande attention pour replacer les selettes, la bride et la romaine, dans la même position où elles étaient auparavant; malheureusement les fileurs abandonnent ce soin aux rattacheurs, et il arrive souvent que les uns et les autres, par négligence ou par ignorance, ne remettent pas exactement tout ce mécanisme dans son premier état. Il en résulte que les métiers sont mal pesés et produisent un filage irrégulier.

J'ai pensé qu'on obtiendrait une pression suffisante sur le cylindre cannelé de derrière, celui qui a le moins de vitesse, si l'on plaçait sur ce cylindre un rouleau en bois, de quarante millimètres de diamètre, sans collet et garni d'un axe en fer de grosseur ordinaire, ou en un rouleau en fer de même poids. Quant à la pression requise pour le cylindre de devant, on l'obtient par une simple sellette et par une romaine.

Cette disposition rend l'ajustement du métier plus facile ; elle expose à moins de chances d'erreur, quand il s'agit de replacer la bride et le poids. Je l'ai généralement adoptée dans mes ateliers et quelques filateurs auxquels je l'ai communiquée en reconnaissent tous les jours l'utilité. Au surplus, cette innovation a été jugée digne d'un rapport fait à la société d'encouragement pour l'industrie nationale, et inséré dans le numéro CLXXXIX du bulletin de cette société ; elle ne demande qu'un changement léger et peu dispendieux dans le mécanisme ancien.

Le chariot qui porte les broches est fait très-solidement en bois de chêne ; le bâti, presque de longueur du devant du métier, est porté sur des roues à gorge ; elles roulent sur des tringles de fer et permettent au chariot d'avoir le mouvement de va et vient qui lui est nécessaire. Les broches sont placées sur le devant ; et chacune porte une petite poulie apellée noix, de six, à huit lignes de diamètre.

Des cylindres en bois ou en fer-blanc, appelés tambours, sont placés verticalement dans l'intérieur du chariot. Chaque tambour porte à sa partie supérieure une poulie ou gorge ; et

tourne sur deux axes, savoir: un pivot ou crapaudine à la base inférieure, et un collet à la
partie supérieure. Le tambour porte les cordes
qui font mouvoir les broches ; chacune communique le mouvement à deux broches. Ainsi, le
nombre des tambours est en raison de celui des
broches.

La roue motrice est fixée entre les deux travers
du bâtis, et au dessous de cette roue se trouve
une poulie à trois ou quatre gorges fixée sur un
arbre de fer tournant horizontalement. La poulie
à gorge reçoit son mouvement de la roue motrice
au moyen d'une corde croisée, puis le transmet
à son tour à tous les cylindres en bois ou en fer-
blanc, dit tambours, par l'intermédiaire d'une
poulie à deux gorges qui tournent horizontalement. Cette poulie fixée, dans le bout du chariot
sert de guide pour la corde des tambours qui les
enveloppent, et qui, par leur rotation, communiquent le mouvement à toutes les broches au
moyen de cordes fines. Beaucoup de filateurs
mettent une ou deux cordes seulement pour
toutes les broches d'un tambour, et cet usage
même est assez généralement adopté. Cependant,
l'emploi de la corde seule me semble préférable;
par son moyen, le tors est donné plus régulièrement, le mouvement est très-doux, et la tension
de la corde est la même à toutes les broches, ce

qui n'existe pas dans celles qui tournent de deux
en deux. Ainsi une corde fine, passée dans toutes
les broches d'un tambour, les fait tourner beaucoup plus également que s'il y avait quinze
cordes, et par conséquent quinze nœuds.

Par cette combinaison de trajet que parcourt
la corde des tambours, on a pour objet de ne
leur donner qu'un léger frottement, car si cette
corde tournait sur la surface entière des gorges
de ces tambours, le métier serait trop lourd.
Les trois gorges à gauche de la poulie d'entre-
jambe fournissent trois moyens de varier la
vitesse des broches ; les deux gorges à droite
fournissent également le même moyen.

J'ai dit que le cylindre de devant portait un
pignon de vingt et une dents, lequel était destiné
à faire marcher le chariot. Ce pignon engrène
dans une roue portant une poulie à plusieurs
gorges à couteau ; dans une de ces gorges passe
une corde tenant à l'un des bouts du chariot.
La poulie de renvoi placée à l'extrémité, sur le
devant du bâtis, la reçoit à mesure que la première la développe, et cette corde ainsi soutenue,
retourne de nouveau vers le chariot où elle est
fixée par ses deux extrémités.

La poulie portée par l'engrenage, dite *poulie
de main douce*, développe pendant une de ses
revolutions, une longueur de corde égale à sa

circonférence, et fait avancer le chariot d'autant.
Il faut alors que la quantité de corde dévelcppée
pendant un tour des cylindres, soit égale à la
quantité de coton développée dans le même
temps par la cylindre cannelé; ou bien, il faut
toujours que le diamètre du cylindre soit au diamètre de la poulie, comme le diamètre du pignon
de vingt deux dents est au diamètre de la roue
de main douce, sauf quelques exceptions dont il
sera parlé plus loin.

L'inclinaison des broches de devant doit être
d'environ vingt degrés avec la ligne verticale.

La broche est un petit cylindre en fer divisé
en deux parties. La partie inférieure porte six à
sept pouces de longueur, sur quatre lignes de
diamètre, à sa naissance ; elle est terminée en
pointe vers le bas pour tourner dans la crapaudine, garnie d'une poulie à gorge pour recevoir
le mouvement du tambour par une corde sans
fin. Cette poulie a dix-huit lignes de diamètre ;
sa position dépend de sa place au chariot, c'est-
à-dire, qu'elle est à six lignes environ plus haute
ou plus basse que la broche voisine.

Le chariot étant arrivé au terme de sa course
qui est de trois à quatre pieds, un mécanisme
appelé *détente* fait dégrener la roue de main
douce d'avec le pignon du cylindre, et la roue
d'angle de la partie supérieure de l'arbre de

couche avec la roue d'angle portée par l'arbre du moteur. Dans les nouvelles constructions du Mull-Jenny, la poulie de main douce ne dégrène pas. Cette méthode est bien préférable à l'ancienne. On évite, par ce moyen, les secousses occasionnées par le dégrenage et le rengrenage de la poulie de main douce.

Ayant interrompu le mouvement des cylindres cannelés, si l'on continue à tourner le moteur, on donnera au coton précédemment sorti des cylindres, une plus grande quantité de tors. Pour renvider l'éguillée, le fileur détourne la manivelle de la main droite afin de détendre cette éguillée; avec la main gauche, l'ouvrier tourne une baguette portant un fil de fer qui lui sert à diriger son fil sur la bobine, en commençant par le bas pour remonter ensuite jusqu'au sommet. L'ouvrier repousse de la main gauche le chariot à sa place, en tournant assez vite de l'autre main pour que le fil soit toujours tendu et qu'il puisse se renvider sur la bobine.

Le chariot arrivant à sa place, la détente, par un effet contraire, replace tous les engrenages dans leur première position, et l'ouvrier recommence une nouvelle éguillée.

Pour régulariser le mouvement du chariot, on met à son autre extrémité une seconde poulie de main douce; étant maintenu par ses deux extrémités, le chariot est mené d'une manière beaucoup plus régulière.

On veillera à ce que la course des chariots soit dans une direction parallèle aux côtés du métier, et que par conséquent les broches soient toutes à égale distance des cylindres. La vitesse du chariot est réglée suivant la finesse du fil en doux que l'on veut obtenir. On observera cependant qu'il doit toujours y avoir plus ou moins d'étirage, c'est-à-dire, que les cylindres cannelés fournissent une longeur de quatre pieds, cette longueur doit être étirée progressivement de deux, trois, quatre, cinq et six pouces, suivant les qualités du coton et les numéros qu'on doit filer. La ligne que forme les broches sera toujours parallèle à celle des cylindres. Aux deux extrémités du chariot, on place en dessous, une poulie à double gorge de six pouces de diamètre. On attache, à un petit rouleau fixé à l'un des montans de derrière, une corde que l'on fait passer dans une des gorges et sur le devant de la première poulie, qui passe dans une des gorges et sur le derrière de la seconde poulie qui est fixée au montant de devant de l'autre extrémité du bâtis; une seconde corde partant de l'autre montant de derrière, passe de la même manière dans les deux autres gorges de ces poulies, pour rejoindre l'autre montant de devant.

Si les broches étaient plus écartées des cylindres à l'un des bouts du chariot qu'à l'autre, en tendant l'une de ces cordes et en lâchant l'autre d'une manière convenable, on rétablit le parallélisme. Lorsque la poulie d'entre-jambe ne suffit pas pour obtenir le numéro qu'on veut filer, il faut alors changer les roues d'angle du cylindre ou de l'arbre de couche ; et on règle le tors que l'on veut donner au fil.

Il sera parlé du bâtis en lui-même et du porte-bobine dans la description des planches, attendu que ces pièces n'ont aucune action dans l'opération de la filature.

Dans le billy ou la filature en gros, on a pour but d'alonger le boudin en l'étirant de trois à cinq fois et plus, selon les numéros et l'espèce de coton qu'on veut filer ; de donner au boudin le degré de tors convenable, et de former des bobines pour être filées une deuxième fois en doux, ou de suite en fin.

L'alongement du coton en boudin s'obtient par l'étirage qu'il éprouve en passant entre les cylindres cannelés et les cylindres de pression ; il est déterminé par la vitesse des cylindres cannelés, multiplié par la différence du diamètre du plus gros cylindre de devant à celui de derrière.

Le degré de tors est donné par le plus ou moins

de vitesse des broches, suivant la quantité de coton qui leur est fourni. J'ai indiqué le mécanisme par lequel on règle cette vitesse proportionnelle. Dans toutes les opérations de la filature, le tors doit être en raison inverse de la longueur et de la grosseur de la soie. C'est à la pratique à juger de l'application rigoureuse de ce principe; il est démontré que, dans chaque espèce de coton, il s'en trouve de trois qualités différentes. La première qualité demande moins de tors; il en faut davantage pour la seconde, et plus encore pour la troisième. La rotation des broches force les filamens à se serrer sur eux-mêmes, dans la direction et autour de l'eguillée. Cette action est appelée le tors, et chaque tour de broche donne un tour de tors à l'éguillée.

Le nombre de tors par pouce est d'environ le quart du numéro du fil; ainsi le fil en gros étant du n° 4, il faudra par exemple un tour de tors par pouce, ou que la broche fasse autant de tours pendant la marche du chariot, que l'éguillée a de pouces de longueur, parce que le tors, à la filature en gros, se donne ordinairement pendant la marche du chariot.

Les pots de lanternes ou les bobines de boudin sont placés derrière le métier en gros; le boudin passe par des conducteurs en fil de laiton ou par des entonnoirs, puis il est attiré par les cylindres alimentaires. On a vu précédemment comment le boudin se transformait en gros, fil, ou fil en doux, et en bobines.

On évitera de tourner trop vite la roue motrice, et surtout les secousses; d'abord les engrenages en souffriraient, puis le cahotement qui doit en résulter, occasionnerait des inégalités au fil. L'ouvrier doit tourner rondement, c'est-à-dire, d'une manière toujours égale.

Le fileur doit avoir attention de ne pas renvider en dessous de la bobine; ce qui arrive lorsque la baguette est plus élevée à un endroit qu'à l'autre, ou que l'ouvrier commence sa bobine par le haut au lieu de la commencer par le bas. Avant de renvider, le fileur détournera la roue motrice jusqu'à ce que le fil soit à la hauteur du milieu de la bobine; car si le fil était en haut de cette bobine, il casserait dans la marche du chariot. (1) L'ouvrier pousse alors le chariot de la main gauche et tient la manivelle de la main droite; il prendra garde de ne pas trop tendre les fils, parce qu'ils s'alongeraient. Arrivé près des cylindres, et quand le chariot est fermé, le fileur relève la baguette; il soutient le chariot

____

(1) Lorsqu'un fileur oublie de faire marcher la baguette en renvidant, tous les fils se cassent et les ouvriers appellent cela *faire la barbe.*

d'une main en tournant la manivelle de l'autre, afin que les broches fassent une révolution avant que le chariot n'ait commencé sa course , et d'empêcher l'alongement du fil en doux.

Pour être bien faite, la bobine doit être parfaitement cylindrique, et d'égale grosseur depuis sa base jusqu'au sommet qui termine en pointe. La grosseur des bobines doit êter telle qu'elles ne se touchent pas sur le métier.

Le fileur supprimera toutes les inégalités qu'il apercevra dans le boudin ou dans les éguillées, et en rattachant les bouts cassés , il les joindra sans jamais les croiser.

Lorsque pendant la marche du chariot une éguillée casse , le boudin passant toujours entre les cylindres s'y attache et se roule autour. Si l'ouvrier néglige de retirer ce coton , la quantité de boudin qui continue à se rouler , fait bientôt lever les cylindres de pression, et par conséquent la leur ôte ; ce qui occasionne des inégalités à un ou deux des fils contenus sous le rouleau de pression. Indépendamment du coton roulé , le fileur retirera de suite le boudin qui se roule autour des cylindres.

La bobine étant faite , l'ouvrier amène le chariot au bout de sa course. Quand il doit renvider, il commence par lever les rondelles, ou esquives en bois , à 2 pouces environ. Dans cette opération, il a soin d'appuyer sur l'extrémité de la broche pour serrer la bobine, qui alors reste suspendue au sommet de la broche. Dans cette situation, le fileur renvide une éguillée sur l'intervalle qui se trouve entre la bobine et l'esquive qui redescendra à sa place. On lève ensuite toutes les bobines, en les dégageant totalement des broches. Pour les dégager on lève la bobine avec la main droite, en se servant de l'index et du pouce que l'on fait glisser en montant le long de la broche. En retirant les bobines, on est obligé de casser le fil qui se trouve dans la longueur de la bobine; le fileur les lèvera perpendiculairement jusques à ce qu'elles soient entièrement dégagées, autrement elles s'accrocheraient aux broches ou bien elles se déformeraient.

Le métier sera huilé avec soin; les broches le seront une fois par jour; les engrenages, les poulies, les tourillons le seront tous les deux jours. Avant d'huiler, on retire le duvet et la poussière qui seraient sur la partie qu'il faut huiler, particulièrement sur le tourillon des cylindres. Le fileur tiendra son métier dans la plus grand état de propreté; deux fois par jour il essuiera tout le bâtis avec un chiffon. Les cylindres seront brossés autant de fois qu'il sera nécessaire, toujours en travers sur chaque table. S'ils etaient brossés dans leur longueur, on porterait l'huile des tourillons sur le cuir des cylindres de pression après lesquels le coton s'attacherait. Pendant qu'on brosse, le métier est arrêté; on le fera marcher successivement par partie, pour que les cylindres de pression puissent être brossés dans toute leur circonférence.

Le métier sera démonté entièrement une fois par mois pour être nettoyé à fond; quinze jours après on fait le demi-nettoyage. Les pièces du métier seront démontées dans l'ordre suivant.

On casse d'abord les boudins derrière les cylindres alimentaires; on tourne le métier jusqu'à ce que le coton qui passe entre les cylindres soit entièrement dégagé, et que les broches en soient revêtues.

L'ouvrier retire successivement les deux têtes de cheval, les romaines et leurs poids, les brides et les selles qui seront mises sur la planche du chariot sans les mêler avec leurs cylindres de pression. Les cylindres cannelés sont démontés; les deux roues portées par les têtes de cheval sont nettoyées avec un chiffon que l'on introduit dans l'intervalle des dents, pour en ôter l'huile et le cambuis qui s'y trouvent. Il en est de même pour tous les autres engrenages.

On essuie avec soin les brides, les selles, les cylindres de pression; en vérifiant ces derniers, l'ouvrier portera toute son attention pour s'assurer si le cuir ne tourne pas, s'ils n'ont pas des inégalités ou autres défauts. L'huile qui se trouve sur les cylindres cannelés étant essuyée, on les frotte avec une brosse et du blanc d'Espagne, pour en ôter la rouille et la matière grasse qui pourrait s'y trouver.

Les supports sont également essuyés avec un chiffon, ainsi que toutes les autres parties du métier.

J'ai supposé qu'en démontant le métier on aurait placé les pièces avec soin, de manière à ne les pas confondre lorsqu'il s'agit de les remettre à leur place. On procédera de la manière suivante pour remonter le métier.

Les cylindres cannelés sont mis en place ; on commence par le premier rang de devant du côté de la manivelle, lequel porte le n° 1 ; il est ajusté avec le cylindre suivant qui est marqué au bout dans lequel entre le quarré de l'autre, du même n° 1, et à l'autre bout du n.° 2 ; il s'ajuste également avec le cylindre suivant portant aussi le n° 2 à l'un de ses bouts, et le n° 3 à l'autre extrémité, et ainsi de suite pour le premier rang et pareillement pour les autres. En sorte que le n.° 1 du premier rang est vis-à-vis le n° 1 du second et du troisième rang, ainsi que le n° 2, etc. Une étoile, un point, ou toute autre marque particulière placée sur la gorge du milieu du cylindre distingue une rangée.

Les rangs de cylindres du milieu et de derrière étant de même diamètre, ils sont également distingués par une marque particulière pour ne les pas confondre.

Les deux têtes de cheval et les deux roues qu'elles portent, sont posées de manière à ce que les roues engrènent bien droit jusqu'aux deux tiers de la longueur de la dent.

Viennent après cela les engrenages portés par les cylindres, ceux de l'arbre de couche, etc.

En mettant les cylindres de pression dans la position qu'ils doivent occuper, le fileur apportera la plus grande attention à ne pas confondre les cylindres du premier rang qui sont plus gros, avec ceux du second rang qui sont d'un diamètre moins grand. Il faut rejeter les cylindres de pression qui ne sont pas égaux et du diamètre éxigé. Étant trop longs, les cylindres tourneraient difficilement, se trouvant pressés par les chapeaux ; trop courts ils sortiraient et useraient promptement les chapeaux.

Les selles sont posées en travers des cylindres de pression et sur leur axe, avec la bride, laquelle est mise sur un bout de la selle ; sur le devant du métier est une petite coulisse qui sert à fixer la

romaine, et de l'autre bout le poids y est ac-
croché.

Lorsque la partie du métier qui porte les cylindres et les engrenages est ainsi remontée, on
passe au chariot.

Le fileur retire la planche qui couvre les tambours ; avec un chiffon il ôte la poussière et les
duvets dont ils sont couverts. On essuie sur place
le collet de la partie supérieure, et la crapaudine
de la partie inférieure.

Le duvet, le coton, et les déchets qui se trouvent autour des broches sont retirés avec la
main ; on essuie l'huile et le cambuis qui se trouvent sur les collets et les crapaudines. Ensuite
on passe au nettoyage des axes, des roues et des
poulies de tout le métier.

Le fileur ayant légèrement huilé toutes les
parties susceptibles de frottement, s'assure que
toutes les pièces sont à la place qu'elles doivent
occuper ; il examine si le métier est de niveau,
s'il est réglé, enfin si rien ne s'oppose à sa
marche.

Les cylindres cannelés étant replacés, on introduit le boudin par les conducteurs. L'ouvrier
commence par l'une des extrémités du métier et
place quatre boudins sur les deux premières
tablettes, puis il pose les trois rouleaux dessus
ainsi que la pression. Il place quatre autres bou-

dins sur les deux tablettes suivantes, pose les rouleaux, met la pression, et continue jusqu'au bout. Le contre-maître veillera à ce que le fileur en plaçant les boudins sur les cylindres cannelés, ne les laisse pas excéder le cylindre de devant afin d'éviter autant que possible les déchets. Les bouts restés sur les broches sont rattachés avec le fil sortant du cylindre de devant, et le fileur fait marcher le chariot.

L'usage ordinaire est de ne filer qu'une fois en doux, mais dans quelques ateliers on donne deux filages en doux aux cotons courtes soies. Les filateurs qui emploient cette méthode prétendent éviter les déchets que cette espèce de coton occasionnerait en forçant l'étirage; ils ajoutent que dans les opérations du laminoir et du doubloir, le coton courte soie serait extrêmement fatigué, si on lui donnait la proportion nécessaire pour obtenir un boudin du numéro qui convient pour la filature en fin que l'on se propose.

Dans la première opération du double filage en doux, on étire le coton de deux pouces à deux pouces et demi, et on lui donne peu de tors; dans la seconde opération, le coton est mis au degré que l'on veut obtenir.

Je ferai remarquer que, pour les courtes soies, il ne faut jamais forcer l'étirage. C'est en procédant par degré que l'on parvient à des résultats satisfaisans. D'autres filateurs font passer deux fois aux lanternes le coton courte soie. Ce moyen et le précédent sont également bons, car on est forcé d'y avoir recours pour les numéros élevés.

Dans le double filage en gros, on réduit considérablement le tors du boudin et par conséquent la vitesse des lanternes; on supplée au manque de tors du boudin à proportion de sa grosseur par le second filage qui permet au coton plus de tors et progressivement, parce que les opérations sont plus divisées; par cette succession moins rapide d'étirage, on parvient à faire un fil en doux d'une finesse proportionnée au numéro qu'on veut obtenir, et enfin on ménage autant que possible le peu de consistance de la soie.

C'est aussi pour remédier aux inconvéniens qui résultent de l'emploi de cylindres d'un trop grand diamètre, qu'on emploie le double filage en gros.

On filera très-bien avec des cylindres de onze et de neuf lignes, et ne mettant qu'une ligne d'intervalle entre le premier cylindre et celui du milieu. L'écartement sera de onze lignes pour filer le coton longue soie dans les numéros élevés. Alors les cylindres de douze et de dix lignes conviennent mieux et sont préférables aux cylindres de onze et de neuf lignes ; les premiers ont plus de force et sont sujets à moins d'erreur dans leur construction.

J'ai dit que l'écartement était de onze lignes, et cependant on file du coton dont la soie peut avoir huit lignes environ. Il devrait donc en résulter que la soie s'échapperait et que le fil serait coupé. Mais en donnant plus de tors à la filature en gros, on remédie au défaut du trop grand écartement. A la première opération du filage en doux, les filamens se trouvent réunis en plus grande quantité ; ils sont moins susceptibles de s'échapper , parce qu'ils se tordent promptement dans le moment de l'action du filage. Les filamens présentent plus de tenacité à la seconde opération du filage en gros, puisqu'ils ont déjà un grand degré de tors ; ces filamens arrivent enfin au dernier degré de filature avec toute la force qu'il est nécessaire pour être filés aussi bien que leur soie peut le permettre. De cette série d'opérations il résulte que, par leur peu de longueur, ces filamens rendent toujours un fil velu ; mais se trouvant plus serrés, plus renfermés, plus comprimés même par le tors successif, ils rendent un fil plus lisse qu'il eut été impossible d'obtenir sans les deux filages en doux.

Cette double opération de filature en gros est

un surcroît de dépense ; en passant le boudin deux fois aux lanternes , la dépense sera moins forte et les résultats plus avantageux. Six lanternes peuvent journellement fournir vingt-cinq à trente kilogrammes de coton dans les numéros trente à quarante, nouveau système.

Ainsi je me résume en disant que les deux moyens indiqués sont également bons , mais que le double boudinage me semble préférable.

SECTION II.

De la filature en fin.

Le métier à filer en fin diffère seulement en quelques points du métier en gros; ces différences sont légères ; elles consistent dans le diamètre de la roue motrice, dans le diamètre des broches, dans leur position respective, et enfin dans le diamètre des noix.

Les broches du métier en fin ont treize pouces de longueur; elles sont tournées au collet , au bout et à la pointe. La noix, qui est en fer-blanc ou en fonte de fer, a sept lignes de diamètre. La marche du chariot est plus lente que dans le métier en gros. L'alongement du fil ne s'opère que lorsque les cylindres cannelés sont arrêtés.

Dans le métier en gros , l'alongement du fil se -ait progressivement pendant la marche du chariot; et lorsqu'il est arrêté, l'alongement et le tors sont donnés. Alors l'ouvrier renvide son éguillée et recommence.

Dans le métier enfin, les cylindres étant arrêtés et le coton n'ayant reçu qu'un faible tors, les mouvemens d'alongement et de double vitesse s'engrènent ; le mouvement d'alongement fait marcher le chariot depuis un pouce jusqu'à six pouces, suivant le numéro du fil, l'espèce et la qualité du coton que l'on veut filer. Pendant ce temps, la double vitesse donne au fil le tors convenable. L'ouvrier ayant renvidé l'éguillée, referme ensuite son métier. Dans les ateliers où le mouvement est communiqué soit par une chute d'eau, soit par la pompe à feu, un ouvrier conduit deux métiers entre lesquels il est placé. Chaque métier est en général garni de 260 broches, ce qui forme un total de 520 broches que l'ouvrier doit diriger (1). Ayant renvidé l'éguillée du premier métier, le fileur le referme, puis se retournant, il en fait autant au second Mull-Jenny.

Dans les grandes manufactures d'Angleterre et de France, tous les métiers sont mis en mouve-

____

(1) Il existe aussi des métiers de trois cent soixante broches, alors l'ouvrier dirige un total de sept cent vingt broches.

ment soit par une chute d'eau, soit par la pompe
à feu. Il est maintenant reconnu que pour bien
filer, les cylindres du Mull-Jenny ne doivent pas
tourner trop vite, et qu'il est impossible de bien
filer les numéros 60 et au-dessus sur un métier
tourné à bras. Cette impossibilité provient des
secousses que le métier reçoit dans le mouvement qui lui est donné par la main de l'homme.
Les cylindres marcheront lentement dans le filage
des numéros fins ; lorsque les cylindres s'arrê-
teront dans leur marche, le fil subira l'action
du mouvement d'alongement et celui de la double
vitesse des broches. Par cette double vitesse, le
fileur gagne ce qu'il a perdu par la marche lente
du chariot.

Il serait à désirer que ce moyen, fort ingénieux, fut adapté à tous les métiers qui filent des
numéros élevés. J'ai consacré une planche à la
représentation du meilleur mouvement d'alongement et de double vitesse.

La portion de tors qu'on est obligé de donner
au fil après la course du chariot ne peut être
déterminée que par l'expérience ; elle seule apprend à connaître la portion que l'on doit donner
pendant la marche du chariot et le complément
pendant le repos des cylindres. Ce moyen est
celui qui convient le mieux pour arriver à la
perfection du filage, puisqu'on rallentit à la fois

la marche du chariot, celle des cylindres et la vitesse des broches.

C'est par le pignon régulateur qu'on règle, à la filature en gros et en fin, la vitesse respective des cylindres, et la portion d'étirage qu'ils font subir au coton. Je suppose par exemple qu'avec cent mètres de mèche au numéro 12, on veuille obtenir un fil en fin numéro 66 ; on doit alors alonger cette mèche cinq fois et demi au métier en fin, parce que le tors racourcit l'éguillée et qu'il faut toujours donner un peu plus d'étirage, afin de regagner ce que l'on perd dans le racourcissement occasionné par le tors.

Tous les changemens de pignons régulateurs jugés nécessaires peuvent être facilement faits au moyen d'une simple proportion, et l'on peut même s'en dispenser. Il suffit simplement de se rappeler que le nombre de dents du pignon qu'on veut mettre, est toujours égal au produit du pignon placé sur le métier, multiplié par le numéro du fil qu'il donne, et divisé par le numéro du fil que l'on veut obtenir. Il arrive certains cas où l'on ne peut pas donner au pignon régulateur le nombre de dents exigé par le rapport de vitesse que l'on désire avoir; cependant, dans toutes les formes de métiers, il existe toujours une série de pignons et l'on doit régler les préparations, c'est-à-dire, le fil en gros, sur le terme moyen des pignons de rechange que l'on a ordinairement à sa disposition.

La filature en fin diffère seulement en quelques points de la filature en gros.

La formation de la bobine en fin commencera au bas de la broche, 8 à 10 lignes plus haut que le collet, selon les numéros qu'on veut obtenir. Pour les gros numéros, le fileur commencera la bobine plus bas. Dans le cas contraire, c'est-à-dire, pour les numéros élevés, pour ceux qui, par cette raison, restent plusieurs jours sur la broche, on doit les commencer plus haut afin de pouvoir huiler les broches sans endommager et noircir le fil. En formant la bobine, le fileur renvidera de vingt à cent éguillées sur les broches, dans une longueur plus ou moins considérable du bas en haut. Ces aiguillées seront très-serrées, afin que la bobine puisse bien se faire. A quatre ou six lignes de la base de la bobine, il sera formé une saillie ; le fileur l'obtiendra en renvidant suc-cessivement la moitié de chaque éguillée sur cette place, et il aura soin de ne pas renvider au-dessous de cette saillie. L'ouvrier renvide en spirale l'au-tre moitié d'éguillée et au-dessus de la saillie, en se dirigeant vers la hauteur de la broche, afin que la partie inférieure de la bobine forme un cône renversé de 8 lignes de longueur. La partie supé-rieure de la bobine, à commencer de la saillie s'augmente successivement jusqu'au milieu de la broche en formant un cône alongé ; cette première partie de la bobine étant successivement grossie, l'ouvrier recommence une autre saillie à 12 ou 15 lignes du sommet de la broche. La partie supérieure de la saillie forme un cône semblable à celui du bas, mais en sens inverse. Je ferai cependant observer que la partie supérieure de la bobine doit être plus alongée que la partie inférieure. Cette méthode qui donne beaucoup de grâce à la bobine, la rend bien plus aisée à devider. La partie inférieure de la saillie forme aussi un cône alongé, renversé sur le cône du bas de la bobine qui, étant bien faite, représente une forme cylindrique égale dans toute sa longueur ; ainsi, la bobine porte à ses extrémités deux cônes à peu près semblables et opposés l'un à l'autre.

En faisant la première partie de la bobine, après qu'il a renvidé et que le chariot est fermé, le fileur levera promptement la baguette, afin que le fil ne se renvide pas de plusieurs tours à la partie supérieure de la broche sur laquelle il n'y a pas encore de fil ; l'ouvrier en même temps pousse le chariot très-légèrement un peu avant que de faire faire un demi-tour à la manivelle afin que les broches ne se retirent pas de leurs crapaudines.

Lors de la formation de la seconde partie de la bobine, le fileur en renvidant lève lentement sa baguette, afin que la bobine se revêtisse de toute l'éguillée ; dans la troisième partie de la formation de la bobine, l'ouvrier ferme le cône supérieur; au lieu de renvider de bas en haut, il procède du haut en bas, afin de rendre la bobine de grosseur égale dans sa longueur.

De même que dans le métier en doux, le fileur lève les bobines qui sont également retenues au sommet de la broche ; au lieu de la main qu'on pose sur la broche au métier en gros, l'ouvrier se sert d'un liteau de 12 à 15 pouces de longueur sur 12 à 15 lignes de large, pour donner une pression à la bobine; il aura soin de ne pas donner trop de pression dans la crainte de forcer les broches. Le fileur recommence une nouvelle bobine en renvidant une aiguillée en dessous de la bobine faite et suspendue à la sommité de la broche.

Le mull en fin exige d'abord les mêmes soins de propreté que le métier en gros, puis l'ouvrier essuyera quatre fois par jour le porte-cylindre; le duvet qui s'y attache, étant souvent saisi par le fil, occasionne des inégalités et des défauts.

Les bobines en doux destinées à être placées derrière le métier en fin, sont portées par une broche de bois dur, laquelle porte une rondelle à sa base. Le fileur passe cette broche dans la bobine en gros; étant mal dirigée la broche accroche le fil en doux, attaque le centre et en détache une partie qui, n'étant plus autour de la

bobine, faitautant de déchets. Il suffit pour bien
passer la broche de la placer au centre de la bobine, et bien verticalement dans le trou fait par
la broche du métier en gros et sans en rien
séparer.

Le fileur retire toutes les inégalités qu'il aperçoit dans le fil en gros comme dans le fil en fin.
Le fil en doux venant à se casser derrière les cylindres, l'ouvrier le rattache en réunissant les deux
bouts sans jamais le croiser; il ne doit jamais
séparer une certaine longueur de fil en gros
pour avoir plus de facilité à rattacher les bouts,
puisque l'ouvrier fait du déchet mal à propos
et qu'il peut s'en dispenser.

Il est deux espèces de déchet; ceux du fil en
gros, dits bouts doux, et ceux du fil en fin, dits
bouts fins; ils sont déposés dans un petit panier
divisé en deux parties, l'une pour le fil en gros, les
barbes des cylindres, l'autre pour les bouts fins.

Voici les soins qu'il faut prendre pour rattacher les fils fins qui viennent à se casser.

Le fil venant à casser lors de la course du
chariot, l'ouvrier ôte préalablement le coton
qui s'est roulé autour du cylindre de devant, et il
ne rattache que la mèche sortant du cylindre.

Un nœud ou une inégalité venant à se présenter dans l'éguillée, l'ouvrier rompt le fil en
dessus et en dessous de ce défaut, puis il joint

les deux bouts cassés en croisant les mêches des deux extrémités.

Une éguillée étant trop fine par l'inégalité du fil en doux, ou pas assez torse par le défaut d'une corde, le fileur rompt cette éguillée en posant le doigt près du sommet de la broche sur le fil qui se casse alors près du cylindre. L'éguillée se renvide sur la broche; il faut l'en ôter, en observant de ne la rompre que lorsque le fil inégal aura été retiré de la bobine.

En se mettant à l'ouvrage, l'ouvrier vérifie si les cordes du métier sont bien tendues; il s'assure que rien ni manque, qu'il est bien approprié, et surtout en bon état.

Lors des grandes chaleurs, les' cordes sont sujettes à se lâcher ou à s'alonger; pour parer à cet inconvénient, le fileur retirera les cordes du moteur et des tambours, dès qu'il aura terminé sa journée; il les étendra sur le plancher, afin que, pendant la nuit elles reprennent leur état ordinaire.

Il est d'une nécessité absolue d'avoir un même système d'engrenage dans les ateliers. On sait que, dans nombre d'anciennes filatures, il existe des métiers faits à diverses époques et par consequent de constructions différentes. Ces métiers différens soit dans les rapports de vitesse, soit dans les engrenages ou pignons régulateurs. Dès lors ces parties ne peuvent servir à ces divers métiers, ainsi que cela se pratique dans les nouvelles constructions où d'heureux changemens ont été successivement introduits. Les engrenages d'un métier ancien ne pouvant pas régler les vitesses des autres métiers, il importe de savoir que le pignon ou la roue de vingt dents produit dans un métier le même résultat qu'un pignon ou roue de vingt-trois dents sur un autre métier. Mais ce résultat se trouvant rarement d'accord, il en arrive toujours des différences notables. Les mouvemens étant les mêmes, c'est-à-dire, ayant été réglés, les engrenages d'un métier peuvent servir et être adaptés à tous les autres. Dès lors il faut moins de roues et de pignons de rechange, et le travail se fait beaucoup plus facilement.

Les bouts fins qui proviennent de la filature sont décrassés avec des cardes à mains faites exprès pour cette opération. Les bouts sont ensuite hachés ou coupés le plus court possible ; dans l'un comme dans l'autre travail, on paie cinq centimes par livre de déchet décrassé ou haché. Les bouts fins sont d'abord plaqués trois fois, moyennant quarante centimes par livre ; puis on les emploie comme les autres déchets, et dans les mêmes numéros.

CHAPITRE XI.

Du Métier continu.

————

La construction de cette machine est fort ingénieuse ; le fil qui en provient est préféré à celui qu'on obtient par le moyen du mull-jenny, et par conséquent il est d'un prix plus élevé.

Le continu est généralement destiné à faire les numéros depuis 20 jusqu'à 60 et même 80 ; nouveau système. Il ne file que de la chaîne, au lieu que dans le mull on obtient indifféremment de la chaîne et de la trame dans tous les numéros depuis le plus bas jusqu'au plus élevé.

Dans le continu, les broches sont placées perpendiculairement de chaque côté ; elles sont surmontées d'ailettes dans lesquelles le fil passe et s'enroule sur des petits fuseaux ou bobinets en bois. Au fur et à mesure que le coton sort des cylindres, il est saisi par la broche qui lui donne le tors convenable.

Le mouvement de va et vient fait alternativement monter et descendre la planche qui porte

les bobinets. Le mouvement de cœur est disposé de manière à ce que le fil se renvide plus
au milieu qu'aux deux extrémités. Une chose
vraiment admirable dans cette mécanique, c'est
qu'elle n'exige qu'un ou deux enfans pour la
soigner.

Le métier continu est principalement employé dans les établissemens mus par l'eau;
étant très-lourd, il exige beaucoup de force que
l'on peut utiliser plus avantageusement dans
les ateliers qui ont la pompe à feu pour moteur.

Du Devidage.

Le devidage est l'éprouvette de la filature; c'est en dévidant le produit de chaque métier qu'on s'aperçoit de la perfection ou de l'imperfection du fil.

A chaque levée de métier rendue par le fileur, on retire de la boîte en fer-blanc qui contient la levée cinq ou dix bobines ; on en fait un écheveau composé de dix échevettes, afin de reconnaître le numéro du fil et le degré de tors.

Le chef d'atelier doit principalement surveiller cette partie du devidage ; c'est seulement par elle qu'il peut reconnaître le degré de bonne ou de male façon de la filature. Ce n'est pas en faisant un seul écheveau qu'il s'apercevra s'il existe dans la levée des bobines frottées, des bobines sales, des bobines moles, d'autres dont le fil est renvidé en dessous des culs de bobines déchirées, etc. Car on sait que l'ouvrier a grand soin de placer en dessus et de mettre en évidence les bobines les plus propres et les mieux faites.

Le numéro du fil indique sa finesse ainsi que le nombre d'écheveaux, de mille mètres de longueur, qui doivent entrer dans la livre métrique ou cinq cents grammes. Ainsi le n° 6o, fait connaître que ce fil est d'une finesse, telle qu'il en faut soixante écheveaux de mille mètres chacun pour former une livre métrique du poids de cinq cents grammes; il en est de même pour les autres numéros.

Pour s'assurer du numéro du fil, on fait usage d'une sorte de petite balance ou romaine nommée en anglais *Wheighing instrument*. On y pèse alternativement et séparément chaque écheveau qui est attaché à un petit crochet; une aiguille indique le numéro qu'une quantité de semblables écheveaux contiendra à la livre. L'écheveau tordu est attaché au crochet de la balance et son numéro étant reconnu, il est placé dans des cases qui portent l'indication de la qualité du fil.

Le métier à dévider est composé de six barres en bois de sapin de sept pieds quatre pouces de long, de seize lignes de large sur huit lignes d'épaisseur. Ces six barres qui sont parallèles sont fixées par des tenons en bois et enmanchées dans une mortaise à l'axe ou cylindre en bois qui

forme le centre du dévidoir. On met quarante
écheveaux de fil sur cette longueur de sept pieds
quatre pouces. Une des barres est mobile, ;
deux charnières ou coulisses adaptées avec
des vis au milieu des tenons permettent
d'abaisser ou de relever à volonté la barre
mobile et deux crochets l'assujétissent lorsqu'elle est levée.

L'axe porte à ses deux extrémités un arbre
en fer tourné; à droite du métier et à l'un des
bouts de cet arbre est une petite manivelle; au
bout de gauche le petit arbre porte une vis sans
fin qui communique le mouvement à une roue
de soixante - dix dents droites. Cette roue est
portée par un prisonnier fixé au bâti; elle est
armée d'une goupille ou d'une cheville en gros
fil de fer à l'un de ses rayons. Lorsque la roue a
fait sa révolution, la goupille laisse échapper un
ressort; sa détente indique que le dévidoir a fait
soixante-dix tours, que l'échevette ou dixième
partie de l'écheveau est complète. A chaque échevette la dévideuse aura bien soin de faire marcher
la planche mobile afin d'obtenir une égalité parfaite de longueur dans les échevettes. En terme
de fabrique l'échevette est appelée *centaine* ou
son, parce que dans des ateliers le ressort frappe
sur un timbre. *Attacher les centaines*, c'est en-
trelasser les dix échevettes afin qu'elles soient

divisées de manière à pouvoir les compter (1). Les échevettes sont attachées avec des fils de couleur différente suivant l'espèce de coton ; les deux bouts de fil de l'écheveau doivent être réunis et noués avec le fil de liasse.

L'ensemble du métier est porté sur une espèce de table de la même longueur et de deux pieds six pouces de large ; elle est portée par quatre pieds dont les deux de derrière excèdent la hauteur de la table de onze pouces, et portent l'axe du dévidoir, les engrenages, etc.

Sur le devant de la table qui est en deux parties, dont l'une sur le devant est mobile, est une tringle percée pour recevoir les broches qui doivent porter les bobines à deux pouces six lignes de distance. Cette partie mobile porte une barre dans toute sa longueur ; elle est élevée d'un pied et soutenue par des petites colonnes de la même hauteur. A cette barre sont attachés les conducteurs ou sortes d'anneaux en fil de laiton placés à pareille distance que les trous pour conduire les fils.

---

(1) En Angleterre, cette opération s'appelle *Stricking the reel*, amener le devidoir.

CHAPITRE XII.

Personnel d'une filature.

Du Propriétaire.

LE propriétaire d'une filature qui ne veut pas se faire remplacer par un homme de confiance devrait y établir son domicile. Sa surveillance personnelle, l'œil du maître, est plus nécessaire dans ces établissemens que dans beaucoup d'autres. Son commandement est exécuté par le chef d'atelier, ou, à son défaut, par le contre-maître qui le transmet aux surveillans et de grade en grade aux ouvriers. C'est pour ainsi dire une direction militaire de subordination.

Enfin de son cabinet, le propriétaire, peut diriger son établissement; il est au courant de ses affaires au dehors et au dedans. Le travail de la fabrication est du ressort du chef d'atelier ou du contre-maître. Au directeur appartient la comptabilité et la police.

Du directeur.

Le nom de directeur d'une filature est généralement donné à un employé supérieur ou confidentiel qui d'ordinaire ou le plus souvent n'a pas la moindre connaissance de l'art. Confiné dans son bureau, le directeur, s'il faut lui conserver ce titre, reçoit la correspondance, enregistre les commandes et les fait exécuter; il tient en surveillance la comptabilité soit en espèces, soit en matières. Il en donne le résumé au propriétaire, reçoit et exécute ses ordres. Il veille également à la police des ateliers.

Le directeur s'entend avec le chef d'atelier ou avec le contre-maître pour la fixation du salaire des ouvriers, dont ils lui rendent compte après vérification des travaux; il se consulte avec eux sur l'entretien ou l'achat des mécaniques.

La régularité commerciale exige de rigueur des livres de comptabilité que le Code indique.

Les livres de fabrication d'une filature sont à peu près les suivans :

1° Pour l'entrée et la sortie des cotons en rame ;

2° Contrôle du battage ;

3° Contrôle de l'épluchage ;

4° Entrée à la carderie et sortie en filature en gros ;

5° Contrôle de la filature en fin ;

6° Du dévidage ;

7° Du ployage au magasin ;

8° Livre des ouvriers travaillant à la journée.

Ces divers intérêts dans les livres sont réglés par colonnes distinctives pour chaque manipulation. Ils peuvent être tenus par des femmes qui surveillent chaque opération, dont elles établissent un contrôle d'inspection journalière pour le propriétaire.

Le directeur n'a aucun pouvoir dans la filature et ne donnera aucun ordre ; seulement il transmet au chef d'atelier ou au contre-maître les intentions du propriétaire que ces derniers font exécuter. A eux seuls appartient la police de la filature dont ils sont spécialement chargés.

Le grand point dans une filature est une surveillance active, et l'entretien des mécaniques. Cependant la régularité des intérêts en matières, n'est pas à négliger. C'est le compte des profits et des pertes.

Du chef d'atelier.

Dans les grandes manufactures qui sont exploitées par les propriétaires ou qui sont gérées par des commettans, on appelle chef d'atelier l'homme au quel sont confiées toutes les opérations de la fabrique, et qui régit le matériel et le personnel de la filature. Les contre-maîtres sont sous ses ordres, et lui obéissent. Son emploi est de surveiller les travaux, et de voir si tout s'exécute selon son commandement. Il parcourt les divers ateliers, rappelle à son devoir celui qui s'en écarte, fait remarquer au contre-maître les défauts qu'il aperçoit dans l'ouvrage. Le chef d'atelier recevant un rapport d'un contre-maître, fait l'inspection des machines et juge par lui-même de la justesse des observations qui lui sont faites. Les connaissances du chef d'atelier sont les mêmes qu'on devrait exiger de rencontrer chez un bon contre-maître. Si je me suis étendu sur ce dernier emploi, c'est à cause de la pénurie, et du denuement, qu'on me pardonne cette expression, où se trouve la filature qui manque de sujets instruits. Sans bons contre-maîtres, point de chef d'atelier parfait. Ce n'est qu'après

avoir longuement exercé l'une de ces place.
qu'on peut remplir l'autre d'une manière satis-
faisante. Pour arriver à ce but, il faut, outre
l'éducation requise, avoir parcouru avec attention les différentes branches de l'art et les avoir
étudiées avec fruit. C'est pour faire connaître la
somme des connaissances que doit posséder
le chef d'atelier, que je renvoie à l'article suivant.

Du contre-maître.

La quantité de connaissances exigées dans un
contre-maître est telle qu'il se trouve rarement
des sujets en état de bien remplir cette place. Il
en est un grand nombre qui exercent et qui sont
loin d'être en état de diriger un établissement.
Si je m'étends sur les fonctions du contre-maître,
c'est que l'individu qui les remplit est l'ame
d'une manufacture, que par ses talens, il peut
lui donner une nouvelle activité, comme il peut
aussi la ruiner par son ineptie.

Le contre-maître doit parler, écrire correctement et connaître les calculs. *parler correcte-*

ment, parce qu'en l'absence du chef d'atelier ou du propriétaire, il doit répondre en leur nom. *Écrire correctement,* pour tenir son registre et pouvoir, en cas de besoin, travailler au bureau. *Connaître les calculs,* pour tenir la comptabilité des matières employées dans les ateliers.

Il connaît les cotons, leur mélange, le travail du battage et de l'épluchement. Il sait distinguer au premier aperçu le travail bien fait d'avec celui qui ne l'est pas. Instruit de toutes les ruses employées par les ouvriers, il doit les éventer et les dévoiler. (voy. pp. 92, 107 etc.).

Il aura quelques notions de mathématiques et de mécanique ; il saura dessiner une machine, tourner le fer et le bois, sera en état de réparer un métier, de refaire les parties qui viendraient à se rompre, soit que ces parties fussent en bois ou en fer (1).

Le contre-maître couvre les cardes, change les roues et les pignons; il connaît l'usage et

---

(1) Je dis que le contre-maître doit être en état de faire par lui-même, afin de juger avec connaissance de cause des ouvrages qu'il fera exécuter. Il doit déduire les motifs qui le déterminent à recevoir une pièce ou à la rejeter.

l'emploi de toutes les pièces des cardes et des métiers et la place qui leur convient. Il règle une carde, la monte la démonte pour juger de la cause des imperfections du cardage.

Ainsi quand un des tambours n'est pas rond, il faut alors les tenir plus éloignés afin qu'il ne se touchent pas aux parties saillantes. Il en résulte que les cylindres étant trop écartés sur les autres points, leur grande distance fait boutonner le coton. Le contre-maître reconnaît que le grand tambour n'est pas cylindrique, lorsqu'en prêtant l'oreille à l'intérieur de la carde, il entend à des distances égales le froissement d'une partie de ses dents contre celles du petit tambour. Lorsque c'est ce dernier qui n'est pas rond, le même froissement se fait aussi entendre, mais à des distances de temps beaucoup plus éloignées, puisqu'il tourne plus lentement (1).

Il y a imperfection quand les chapeaux, les cylindres alimentaires sont trop écartés du grand tambour, et lorsque le coton est mis trop humide à la carde.

____

(1) On ne parvient jamais à rendre un tambour parfaitement cylindrique, quelque chose que l'on fasse, quand l'axe n'est pas tourné rond.

Dans tous ces cas , le coton sort boutonneux, et autant que si les cardes avaient besoin d'être passées à l'émeri; le coton est également boutonneux quand la charge est trop forte, ou que le grand tambour tourne trop rapidement.

Le contre-maître répisse les cordes de différentes manières; il fait les boucles aux courroies, passe les cardes à l'émeri.

Il tient la police dans les ateliers, veille à ce que chacun des ouvriers remplisse exactement les fonctions qui lui sont prescrites.

Il prévient le chef d'atelier ou le propriétaire, des imperfections qu'il croit exister pour cause de changement dans les vitesses, ou dans la charge, ou dans la filature.

Il propose les changemens qu'il juge devoir être nécessaires, et n'en fait jamais aucun de lui-même.

Il ne prend aucun ouvrier sans l'avoir demandé, et sans avoir vérifié le livret de ce dernier. Il rend compte sur-le-champ de tous les événemens de quelque importance. Il propose la récompense ou le renvoi des ouvriers. Il veille à ce que les cardes et les métiers soient toujours en bon état.

La comptabilité du contre-maître pour les co-

tons est divisée en deux parties ; les entrées et les a
sorties. Le livre des entrées sera divisé en autant 1.
de colonnes qu'il y a de classes de coton, plus a
des colonnes pour le quantième du mois, pour 1
le nom de l'espèce de coton, pour le numéro de 1
la date et pour les observations. Le livre des 1
sorties comprendra en masse, le coton donné 1
au battage, à l'épluchement, au cardage, le r
poids des boudins et le poids des déchets dans ces
diverses opérations. Les déchets seront divisés
en autant de colonnes qu'il y aura d'espèces de
duvets. En outre le contre-maître doit être muni
d'un livret sur lequel il marquera le nombre de
journées des ouvriers qu'il emploie.

Dans une filature un peu importante, le
contre-maître doit remettre chaque jour au
chef d'atelier un rapport dans lequel il fera
connaître :

1° La quantité et les qualités du coton
battu.

2° La quantité et les qualités du coton épluché.

3° La quantité des cotons mélangés.

4° La quantité du coton cardé en gros et en
fin.

5° Le poids des différens déchets.

6° La quantité de ce que le coton a rendu en
boudin, c'est-à-dire, en sortant de lanternes.

7° Le nombre d'ouvriers qui ont manqué ou qui n'ont pas fait leur journée entière.

8° Il fera connaître les machines qui seraient dérangées et indiquera les moyens les plus prompts à employer pour les remettre en état.

Pour l'étirage ou laminoir, pour les lanternes, le contre-maître nomme des surveillantes parmi les ouvrières les plus intelligentes et les plus raisonnables ; elles agissent en ses lieu et place, lui rendent compte de ce qui s'est fait pendant son absence, et doivent le réquerir sur-le-champ en cas de besoin.

Dans la filature, le contre-maître surveille l'action de chacun des métiers, il prévient le chef d'atelier des défauts qu'il aperçoit, et ne peut faire aucun changement de rouage ou de cordes, sans en avoir préalablement reçu l'ordre positif.

Il visitera souvent le fil sortant des cylindres, afin de s'assurer si le fileur laisse passer des inégalités, s'il donne le tors demandé, si les bobines sont bien faites, si l'atmosphère ou le changement de coton en doux n'occasionne pas un changement de filature ; il verifiera si le fil n'est pas coupé, ce qui provient du défaut de quelques cylindres de pression qu'il doit remplacer sur-le-champ.

Le contre-maitre interdit à tout ouvrier la faculté de changer, de démonter, ou remonter aucune pièce de son métier. A lui seul appartient de faire des changemens, et dans ce cas, il se fait aider par le fileur ou le rattacheur qui nettoyent toutes les pièces et font à cet égard tout ce qui leur est ordonné.

Les précautions et les soins à prendre pour montrer et démonter le métier en gros, pour son état de propreté, seront les mêmes pour les Mull-jenny en fin.

Le contre-maître tient le compte d'ouvrages d'entrée et de sortie de coton de chacun des ouvriers de son atelier; il est responsable de la partie du coton lorsqu'il n'en a pas rendu compte.

Chaque espèce de fil en doux sera mise séparément dans un panier étiqueté de son numéro et de l'espèce de coton, pour être ensuite distribuée au métier en fin auquel elle est destinée.

A chaque levée de coton le contre-maître fait devider cinq ou six bobines pour échantilloner et il informe le chef d'atelier du numéro de ces bobines.

Enfin il fait observer dans l'atelier la police ordonnée par les réglemens.

Les grands établissemens exigent la présence de deux contre-maîtres et plus; l'un pour la carderie, l'autre pour la filature. Un seul contre-maître suffit dans un établissement secondaire; celui-ci, pour alléger son travail et remplir plus facilement les devoirs de sa place, nomme des sur-veillantes dans les différens ateliers et dans toutes les parties de la filature.

Des ouvriers et de leur salaire.

Les ouvriers d'une manufacture sont classés dans l'ordre suivant :

Batteur.

Eplucheuse.

Soigneuse des cardes.

Soigneuse des laminoirs.

Soigneuse des lanternes.

Bobineuse.

Débourreur.

Contre-maître de la carderie.

Fileur en gros.

Fileur en fin (1)

------

(1) Si l'on n'a pas compris dans cette liste le rattacheur, c'est qu'il est payé par le fileur qui l'emploie, et non par le filateur.

Devideuse.

Contre-maître de la filature.

Employé du bureau.

Directeur.

Chef d'atelier.

La paie des ouvriers varie suivant les lieux, la qualité et l'espèce du coton, suivant le prix des denrées, et l'abondance des ouvriers.

CHAPITRE XIII.

Machine à vapeur.

———

ON nomme ainsi les moteurs dont le principe de mouvement est la vapeur. Elles furent d'abord connues en France sous le nom de pompes à feu. Cette dénomination s'applique aujourd'hui seulement aux machines à simple effet dont l'objet est d'élever l'eau. On nomme ces pompes à feu machines atmosphériques.

L'emploi de la vapeur de l'eau a donné lieu à différens systèmes de mécanique pour la convertir en moteur.

L'évaporation de l'eau par le feu étant graduelle et progressive, les premiers ingénieurs se sont bornés à l'utiliser à la température de l'eau bouillante ou d'une atmosphère de la vapeur qu'elle produit ; d'autres, plus tard, surent trouver des moyens de l'employer à une, et même à plusieurs atmosphères, en construisant des machines propres à l'expansibilité, appelées machines à haute pression sans condensation. Enfin, après de longues expériences faites par

17

M. Woolf, un troisième ordre de machines à vapeur, dites à double pression, remplaça les précédentes. Dans ces dernières machines, les deux systèmes atmosphériques et à haute pression sont ingénieusement réunis, et donnent en résultat une grande économie dans l'emploi du combustible.

Les machines du système de Woolf paraissent être les mieux calculées à l'usage des manufactures en France. Il paraît que Papin a été le premier inventeur des machines à vapeur : elles eussent été généralement employées dans un établissement où une grande force est nécessaire, si cette belle invention avait été plus économique pour le combustible. C'est de quoi se sont fortement occupé les mécaniciens Newcomann, Watt et Boulton, Fruvithick, Woolf et Humphrey Edwards, en construisant de ces machines de diverses puissances.

Les auteurs français et anglais diffèrent très-peu dans les calculs relatifs à la force de cheval mécanique ; ils prennent généralement pour base qu'un cylindre à vapeur de deux pieds de diamètre, qui a cinq pieds de course avec une vitesse de vingt-deux révolutions par minute, représente l'effet de vingt chevaux.

Il est admis, pour calcul routinier en Angleterre, q'uun cheval peut élever à un pied de haut le poids de 150 livres anglaises, avec une vitesse de deux cent vingt pieds anglais par minute — à 33,000 livres, ou 1,980,000 livres par heure.

Selon Bélidor, on doit se contenter de l'expérience commune, par laquelle on sait que la force d'un cheval qui tire, est équivalente à celle de sept hommes, ou d'environ 175 livres, avec une vitesse de dix-huit cents toises par heure.

M. Sauveur ayant fait des expériences sur la force d'un cheval, a trouvé qu'il tirait d'un puits un poids d'environ 175 livres avec une vitesse de dix-huit cents toises par heure, trois pieds par seconde, cent quatre-vingt pieds ou trente toises par minute.

Ainsi, l'on peut dire que, quelqu'art qu'on emploie à composer une machine mue par un cheval, son effet sera toujours moindre, à cause des frottemens, que le produit de 170 livres par dix-huit cents toises de vitesse dans une heure.

Après avoir répété les mêmes expériences, M. de Prony ajoute : Un cheval employé à tirer, peut faire pendant huit heures de la journée un effort de 200 livres avec une vitesse d'environ trois pieds et demi par seconde; si l'on augmente cet effort jusqu'à 240 livres, le cheval ne pourra travailler que six heures avec une moindre vitesse.

Désagulier a trouvé en Angleterre qu'un cheval équivalait à cinq hommes : les savans de France comptent ordinairement sept hommes pour un cheval.

Des mécaniciens ont réduit au quintuple seulement la force du cheval relativement à la plus grande durée usitée de son travail ; ce qui réduit à 125 livres cette force. D'après les expériences de M. Amontons, le frottement des machines est évalué au tiers des résistances.

Ainsi, en France, 1,800 toises — 10,800 pieds x 175 — 1,890,000 livres élevées par un cheval à un pied de haut dans une heure ; et, suivant l'usage routinier en Angleterre, 220 pieds par minute — 13,200 pieds par heure x 150 livres (avoir du poids de seize onces) — 1,980,000.

D'après les heureuse découvertes, et les améloirations faites par M. Woolf, la machine à vapeur à double pression consomme une bien moindre quantité de combustible que les machines atmosphériques et à haute pression.

Tableau différentiel.

Force de chevaux.	Charbon consommé par heure dans les anciennes machines.	Charbon consommé par heure dans la nouvelle machine.
2	18 kilogr. .	10 kilogr.
4	30	16
8	48	25
12	68	34
24	130	53
40	200	79

Voici la table des pressions du systéme de M. Woolf, relatives, par pouce carré, des températures et de l'expansibilité des vapeurs à des degrés de chaleur au-dessus du degré de l'eau bouillante, en commençant par la température de vapeur d'une force élastique égale à cinq livres par pouce carré, et s'étendant à la vapeur capable de soutenir quarante livres par pouce carré.

Vapeur d'une force élastique dominante sur la pression de l'atmosphère.	Livre par pouce carré.	Doit être soutenue par une température égale à environ	Degré de chaleur.	Et à ces degrés relatifs de chaleur la vapeur peut se dilater à environ	Expansibilité.
	5		227 1/2		5
	6		230 1/4		6
	7		232 3/4		7
	8		235 1/4		8
	9		237 1/2		9
	10		239 1/2		10
	15		250 1/2		15
	20		259 1/2		20
	30		267		30
	35		273		35
	40		282		40

La construction de ce moteur ingénieux est heureusement nationalisé en France. Les ateliers de MM. Perrier, Salneuve, Gingembre, Saulnier, Brisson et Daret à Paris, de MM. Frèrejean à Lyon, Casalis et Cordier à Saint-Quentin, confectionnent les différens systèmes, et en livrent à des prix modérés. Ils rivalisent pour le fini des résultats avec les machines anglaises. L'usage de ces machines pour les manufactures conserve des bras à l'agriculture, et un moteur puissant pour les usines et les moulins à farine nécessaires aux subsistances.

CHAPITRE XIV.

Description des machines à bras et du système à mettre en usage dans les petits ateliers.

Les minces fortunes étant beaucoup plus communes que les grandes, je consacre cet article aux petits ateliers où la somme des machines n'est pas assez considérable pour nécessiter l'emploi d'un manége.

Je vais donc indiquer une disposition particulière de plusieurs cardes et de plusieurs systèmes de laminoirs et de lanternes, qu'un homme seul met en mouvement. Je décris avec d'autant plus de plaisir cette disposition, que je l'ai utilement employée et qu'elle a été le sujet d'un rapport fait à la société d'encouragement pour l'industrie nationale, inséré dans le numéro CLXXXIX, du bulletin de cette société.

Dans la plupart des manufactures où l'on emploie la force des hommes pour mouvoir les différentes machines qui servent à préparer le coton avant de le filer, on isole le plus souvent toutes ces machines, et on applique ordinairement un homme à chacune d'elles. Ainsi, un homme fait tourner une carde simple, ou quelquefois une carde double, pour réduire le coton en nappes ou en rubans. Un autre homme imprime le mouvement à plusieurs systèmes de laminoirs, pour réunir les rubans et les étirer. Un troisième fait mouvoir plusieurs systèmes de lanternes, pour achever l'étirage des rubans et leur donner une légère torsion.

Dans ces différens cas, c'est à l'aide d'une manivelle que la force de l'homme est transmise; mais elle ne l'est pas toujours de la manière la plus avantageuse, c'est-à-dire, dans les limites de vitesse et de pression qui produisent le maximum d'action journalière.

Je me suis proposé d'employer la force entière d'un homme seul, pour faire subir au coton toutes les diverses préparations qui précèdent le filage.

La disposition que j'ai imaginée pour atteindre ce but, pourrait être définie ainsi : *disposition par série de la force d'un homme, des différentes machines qui servent à la préparation du coton.*

Voici donc en quoi cette disposition consiste

Trois cardes sont placées en avant des autres, et à peu de distance d'un bâti de charpente qui renferme quatre systèmes de laminoirs, et deux systèmes de lanternes.

Le mouvement est donné simultanément à toutes ces machines par une manivelle mue par un homme. Cette manivelle, dont le rayon est de O^m. 3,8, est placée sur un axe horizontal qui porte une grande poulie et une roue dentée.

La grande poulie reçoit une corde sans fin qui embrasse une poulie plus petite, enarbrée sur un axe horizontal placé au haut du bâti de charpente dont on vient de parler. Cet axe porte lui-même six autres poulies qui correspondent aux systèmes des laminoirs et des lanternes, et servent à leur imprimer le mouvement par l'intermédiaire de courroies sans fin.

La roue dentée engrène dans une autre roue dentée plus petite, qui est fixée sur l'axe du grand tambour de la carde du milieu.

L'axe de ce tambour porte en outre une poulie à deux gorges qui reçoivent deux cordes sans fin ; l'une de ces cordes transmet le mouvement de rotation à une autre poulie, de même diamètre, fixée sur l'arbre du gros tambour de la carde de derrière, et l'autre fait tourner une poulie plus petite, fixée sur l'arbre du gros tambour de la carde de devant. Cette carde sert de cardes en gros ou en nappes ; les deux autres servent de cardes en fin ou en rubans.

Les diamètres respectifs des roues dentées et des poulies sont déterminés de manière que, quand la manivelle fait trente tours par minute (c'est la vitesse qu'elle a ordinairement), le gros tambour de la carde en nappes fait cent révolutions, et celui des cardes en rubans en fait soixante quinze pour les numérs 30 à 50. Dans les numéros élevés, le gros tambour de la carde brisante fait quatre-vingts révolutions, et celui des cardes finissantes en fait soixante.

On conçoit qu'on pourroit obtenir les mêmes effets en plaçant les cardes autrement que je l'ai fait et en changeant les moyens que j'ai adoptés pour la communication du mouvement : mais ce qui est surtout important dans cette réunion de machines de la force d'un homme, c'est d'avoir soumis à l'action du même moteur les cardes et les laminoirs. Les cardes par leur inertie, font l'office de volant, et entretiennent, dans toutes les parties de ces divers mécanismes, une uniformité de mouvement qui n'est pas altérée par les inégalités même de la pression que la main de l'homme exerce sur la poignée de la manivelle.

L'ouvrier employé journellement à mouvoir la série de machines, travaille douze heures par jour ; et le produit total, pendant ce temps, est de 15 kilogrammes de coton cardé, et réduit en rubans tordus prêts à être filés.

En comparant ce résultat à celui qu'on obtient dans les fabriques où l'on emploie des chevaux

.our force motrice, il sera facile de trouver qu'il
.st à l'avantage des machines mues par des
hommes. Dans une manufacture d'un des fau-
bourgs de la capitale, trois chevaux attelés, ou
six chevaux travaillant par relais pendant la
journée entière, mettent en mouvement dix-
neuf cardes, seize systèmes de laminoirs, onze
systèmes de lanternes, trois métiers à filer en
gros et deux métiers à filer en fin. Chacun de ces
métiers n'exige pas, comme on sait, la force
entière d'un homme pour être mis en jeu. Mais,
en admettant que les cinq métiers ensemble
emploient la force d'un des chevaux atelés; il
resterait encore au moins quatre chevaux, employés pendant la journée, pour mouvoir les
cardes, les laminoirs et les lanternes. Or, toutes
ces machines donnent par jour quatre vingt-dix
kilogrammes de coton, mis en rubans prêts à être
filés; c'est-à-dire, que quatre chevaux ne font,
dans ce cas particulier, que le même travail qui,
dans mes ateliers, pouvait être exécuté par six
hommes.

Je voulais déduire les causes auxquelles il faut
attribuer cette grande différence dans les produits des mêmes machines mues par des hommes,
ou par des chevaux, mais j'ai craint de m'écarter
trop de l'objet que je me suis proposé. Je me
bornerai à faire remarquer que, dans les grandes

machines qui transmettent le mouvement au loin,
et dans de vastes ateliers, à un grand nombre de
mécanismes divers, la somme des frottemens et
des autres résistances est nécessairement très considérable, et que quand ces machines sont mues
par des chevaux qui marchent dans un manége
circulaire, on perd ou plutôt on consomme inu-
tilement une partie d'autant plus grande de la
force motrice, que le diamètre du manége est
plus petit.

Ainsi, en me résumant, je ferai observer que
la disposition indiquée est extrêmement avantageuse pour la filature des numéros au-dessus
de 50, nouveau système. Elle ne convient pas
autant pour la filature des gros numéros.

CHAPITRE XV.

Du Magasin.

Le magasin d'une manufacture est destiné à enfermer les cotons en laine et les cotons filés. Il doit être exposé au midi et planchéié pour éviter l'humidité. Le parquet sera élevé de six à huit pouces au-dessus du sol et posera sur des poutres. Un magasin demande à être aëré, mais il faut éviter avec soin l'humidité comme l'excès de la sécheresse.

Le magasin doit être séparé de l'atelier des batteurs. Sitôt que les balles de coton arrivent à la manufacture, il faut en constater le poids brut. On ouvre chaque balle et le coton sorti de l'emballage est de suite pesé et rentré au magasin. Le poids de l'emballage soustrait du poids brut donne la quantité réelle du coton reçu. En remettant aux batteurs une balle de coton, il faut leur en faire constater le poids, parce qu'ils doivent rendre la balle battue avec le déchet. Le poids de l'emballage et le poids de la marchandise reçue doivent à peu de chose

près égaler le poids brut. La différence en plus
ou en moins ne pouvant provenir que de la différence de la température entre les deux pesées,
puisqu'il ne se perd rien au battage. Le duvet
qui vole rentrant dans le coton, il faut alors
l'éplucher.

Il faut bien se garder de livrer au battage des
cotons empreints d'humidité ; car il se mettent
en pelotte, et alors il est extrêmement difficile
d'en retirer les ordures.

CHAPITRE XVI.

Liste des Filateurs et des Mécaniciens les plus recommandables.

Adeline, à Saleux (Somme), a obtenu la médaille de bronze pour l'égalité des fils qui sortent de sa fabrique.

Adeline fils, à Malaunay près Rouen (Seine Inférieure), file au n° 80, et a également été jugé digne de la médaille de bronze pour la bonté et la netteté de son fil.

Aitkens (Williams) ingénieur hydraulique, à Senonches (Eure et Loire), a obtenu la médaille d'or pour avoir rendu les plus grands services par les perfectionnemens apportés aux machines hydrauliques, aux filatures de coton et de laine, aux machines à vapeur.

Arpin et fils, à Saint-Quentin (Aisne), ont exposé en 1819 de très-beaux fils dans les numéros de 130 à 160 ; aussi le jury leur a-t-il décerné la médaille d'argent.

Blech-Frières à Mulhausen (Haut-Rhin), réunit la filature, le tissage et l'impression. Il a obtenu la médaille d'argent.

Boucher, mécanicien à Paris, exécute bien et très-promptement; sa machine à refendre les dents d'engrenage est digne d'éloge.

Calla, mécanicien, à Paris. Annoncer que dans les expositions de l'an ix (1801) de l'an x, de 1806 et 1819, cette artiste a obtenu les médailles d'or, d'argent, de bronze et deux mentions honorables, c'est faire son éloge. Il a rendu des services aux arts en exécutant parfaitement les machines dont ils avaient besoin et les perfectionnant pour en faire l'application. Ses cardes sont parfaitement construites; ses plaques et rubans de cardes, très-bien fabriqués, sont dignes de la réputation de M. Calla. Enfin, en 1819, il a été admis au nombre des artistes qui ont contribué aux progrès de l'industrie.

Chambers-Bourdillon, filateur à Paris, réunit la filature au tissage des calicots et des percales superfins.

Cordier et Cazalis, à Saint-Quentin (Aisne). Ces mécaniciens construisent des machines à vapeur sur un nouveau modèle. Le jury de l'exposition de 1819 leur a décerné la médaille d'argent et a déclaré que cette machine fabriquée à très-bas prix, fonctionne avec la plus grande activité, et coûte très-peu à établir.

Davilliers, Lombard et Comp^e. à Gisors (Eure)
font en général les numéros inférieurs à 60; leur
fil est très-beau, sans vrilles et bien nourri. Ils
ont présenté à l'exposition de 1819 des échantillons de filature en fin, et le jury leur a décerné la
médaille d'argent.

Deltuf, à la Ferté-Aleps (Seine-et-Oise), a
obtenu la médaille d'argent pour des cotons filés
dans les n°s 52 à 54, sans échancrures et de bonnes
qualités.

Dolfus-Mieg, à Mulhausen (Haut-Rhin), réunit la filature, le tissage et l'impression des étoffes.
Il a successivement obtenu les médailles d'argent
et d'or.

Doyen, filateur à Paris (Seine).

Dupont-Boilletot, filateur à Troyes (Aube).

Fauquet frères, filateurs, à Bolbec (Seine-Inférieure).

Fiévet, filateur à Lille (Nord).

Florin (Carlos) à Roubaix (Nord), fournit
aux fabriques de Saint-Quentin, de Tarare et de
Lyon un fil très-beau et surtout très-égal. D'après
les échantillons de coton filé dans les n°s 177 à 192
qu'il a présentés à l'exposition de 1819, le jury a
décerné la médaille d'or à M. Florin.

Fontenillat, au Vast, près de Valognes,
(Manche), ce grand établissement fournit les
numéros inférieurs à 30. Le jury ayant trouvé

les cotons filés chez M. Fontenillat très-beaux et bien conditionnés lui a décerné la médaille d'argent.

Gombert et Michelez, à Paris (Seine), ont obtenu la médaille d'argent pour les fils de coton retors, de divers couleurs et les fils à coudre faits avec le coton.

Grivel, à Auchy-les-Moines (Pas-de-Calais). Sa filature est une des meilleures du département. Le coton filé au n° 53, pour chaîne, lui a fait obtenir la médaille de bronze à l'exposition de 1819.

Gros-Davilliers et *Roman*, à Wesserling. Leur manufacture une des plus anciennes et des plus importantes du département, réunit la filature, le tissage et l'impression. Ils ont obtenu la médaille d'or à l'exposition de 1819.

Heilmann, frères, à Mulhausen. On file dans leur établissement, au moyen d'une chute d'eau, les numéros 100 à 120. Ils réunissent la filature, le tissage et l'impression. Le jury de l'exposition de 1819 leur a décerné la médaille d'or.

Joly (Samuel), à Saint-Quentin (Aisne). Il file dans les numéros de 200 à 300, au moyen de procédés particuliers. Ses mécaniques sont mises en mouvement au moyen de la pompe à feu. Ce fabricant vient de monter ses ateliers pour filer les numéros les plus élevés.

(285)

Kœchlin, frères, à Mulhausen. Leur fabrique réunit la filature, le tissage et l'impression des étoffes. Ils ont obtenu la médaille d'or en 1819. L'établissement marche par le moyen de la machine à vapeur.

Laborde, mécanicien, à Paris, jouit d'une réputation méritée pour l'application des forces hydrauliques, de la construction de toutes les espèces de moteurs soit à roues horizontales, à pots, à aubes ou par le courant d'eau. Il construit les machines pour l'impression des étoffes, les tours à graver les rouleaux, tous les objets relatifs à la filature d'après les procédés ordinaires et modernes, les doubles vitesses, les doubles détentes dites d'alongement.

Auteur de machines fort ingénieuses, M. Laborde établit dans la perfection le batteur tout récemment importé d'Angleterre et déjà en usage dans quelques-unes de nos meilleures manufactures.

Lambert, à Lille(Nord), a présenté de très-beaux échantillons de filature en fin depuis le nᵒ 172 jusqu'au nᵒ 184. Il a obtenu la médaille d'argent.

Lebailly, fils, filateur, à Falaise (Calvados).

Lepelletier, filateur à Paris (Seine).

Lemaitre et fils, filateurs à Bolbec, (Seine-Inférieure.)

18.

Liancourt (fabrique de). Cet établissement, l'un des plus anciens qui existent en France pour la construction des cardes pour coton et pour laine, a obtenu la médaille de bronze et deux mentions honorables, aux expositions de l'an **x** (1802) de 1806 et de 1819.

Liebermann, mécanicien à Paris, a monté un martinet servant à la préparation du fer qui doit composer les cylindres et pouvant faire toute pièce de forge.

Locard, filateur à la Ferté-sur-Grosne (Sâone et-Loire).

Marmod, frères, filateurs à Domevre (Meur-the).

Marquet, filateur à Paris (Seine).

Martinis, Mécanicien à Paris, joint à beaucoup de talens dans la mécanique de grandes connaissances dans la filature. Tout ce qui sort des ateliers de cet artiste est d'une grande propreté et d'un fini précieux. Il fournit des assortimens pour les manufactures, et des manéges parfaitement exécutés d'après les nouveaux procédés. Ces manéges sont particulièrement remarquables par leur grande légéreté et surtout par leur solidité.

Martin Ribaux (Madame) à Saint-Quentin, (Aisne).

Cette dame dont les ateliers sont mus par le

manége, file les n°s 150 à 200. Ses fils pour chaîne sont aussi recherchés qu'ils sont estimés.

Mille (Auguste) à Lille (Nord), son établissement se compose de plus de quarante Mull-jennys, filant en fin et mues par la pompe à feu. Ce négociant qui file depuis le n° 180 jusqu'au n° 200, fournit aux fabriques de mousseline de Saint-Quentin et de Tarare, ainsi qu'aux fabriques d'étoffes de fantaisie de Paris. Le jury de l'exposition de 1819 a décerné une médaille d'or à M. Mille, pour la beauté, l'égalité et la force de ses fils qui remplissent toutes les conditions de la bonne filature en fin.

Mille (Joseph) à Lille (Nord). Ce filateur dont les produits sont aussi estimés que ceux de son frère, fournit également aux fabriques de Saint-Quentin, de Tarare et de Lyon. Le jury lui a décerné la médaille d'argent et lui eut accordé la médaille d'or, si son établissement de filature en fin avait eu la même étendue que celui de M. Auguste Mille.

Mourgues, à Rouval (Somme). Ce fabricant a présenté de très-beaux cotons filés dans les n°s 28 à 56. Le fil pour chaîne fut trouvé rond, bien nourri, très-fort, et de première qualité ; aussi le jury lui a-t-il décerné la médaille d'argent.

Obercampf (Emile) à Jouy (Seine-et-Oise).

Cette manufacture célèbre réunit la filature, le tissage et l'impression. Le coton entre brut dans l'établissement, et en sort façonné en toiles peintes. Il a obtenu la médaille d'or à l'exposition de 1819.

Pinatel, mécanicien à Paris, exécute bien et surtout très-promptement les ouvrages qui lui sont commandés.

Poittevin, filateur, à Tracy-le-Mont (Oise).

Revenel (Philippe) mécanicien à Paris, construit avec beaucoup de goût les différentes machines à filer. Il a apporté nouvellement quelques améliorations dans l'étirage des cylindres.

Saulnier, mécanicien, à Paris, fabrique les cardes et fait les broches dans la perfection. Il est inventeur de deux procédés intéressans. Le premier sert pour percer et bouter les plaques de cardes; en même temps que la dent se fait, et le second sert à tirer, au moyen d'une mécanique, le fil de fer propre à garnir les mêmes plaques.

Schlumberger et Hergog, à Logerbach près Colmar (Haut-Rhin), filent des cotons au n° 57 dont les fils sont d'une grande neteté, très-forts, élastiques et sans torsion apparente. Ils ont obtenu la médaille d'argent, en 1819, pour la filature, et une seconde pour l'impression sur toiles de coton. Ces fabricans, qui font usage de la machine à feu, viennent de monter une filature pour les numéros très-fins qui sera mise en mouvement par une chute d'eau.

Sellier, à Gonneville près Valognes (Manche), file très-bien dans les nᵒˢ 32 et 33. Il a obtenu la médaille de bronze en 1819.

Vandermersch, filateur à Royaumont (Seine-et-Oise), est inventeur d'un procédé par lequel les broches font 5000 révolutions par minute; il joint à la filature une manufacture de bazins et de piqués, dont l'excellente fabrication lui a fait obtenir la médaille d'argent à l'exposition de 1819.

LISTE DES SOUSCRIPTEURS.

Messieurs

Arnoult, filateur, à Crest.
Audin, libraire, à Paris.
Benit.
Bésion, libraire, à Troyes.
Blaise, libraire, à Paris.
Bonami de Fresme, filateur, à Roubaix.
Bourcart.
Chaumet et Roblot, à Troyes.
Corréard, libraire, à Paris.
Dalibon, libraire, à Paris.
Delrue et Hodez, à Lille.
Desmons-Blondeau (Louis), filateur, à Lille.
Dich, à Strasbourg.
Florin Scheppers, filateur, à Roubaix.
Godfernaux, mécanicien, à Lille.
Guérin-Wallet, filateur, à Amiens.
Guibal, à Lunéville.
Guitel, libraire, à Paris.
Hartmann et compagnie, filateurs, à Munster.
Jonathan-Widemann et Rolhau.
Kœchlin (Nicolas) et frères, filateurs, à Mul-
	hausen.

Laborde, mécanicien, à Paris.

Legris-Baledent, à Bacouel.

Lemaître, libraire, à Valenciennes.

Levrault, libraire, à Strasbourg.

Loisillon, à Etain.

Lonchamps, filateur, à Paris.

Manoury, libraire, à Caen.

Marcotte-Genlis, à Paris.

Martinis, mécanicien, à Paris.

Michelet.

Mongie, libraire, à Paris.

Moureau fils, libraire, à Saint-Quentin.

Pannetier, à Colmar.

Pélicier, libraire, à Paris.

Pelletier, directeur, à Valogne.

Pinatel, mécanicien, à Paris.

Pluquet, libraire, à Paris.

Rousselot et Bonnet, à Chollet.

Schrader (J.-D.) directeur, à Aubenton.

Tauvergne, mécanicien, à Lille.

Teissier, à Belleville.

Ternaux (le baron) à Paris.

Tirel, fabricant, à Vire.

Treuttel et Würtz, libraires.

Vallée (L.) aîné, filateur, à Rouen.

Vanacker, libraire, à Lille.

Explication des Planches.

PLANCHE PREMIÈRE.

FIGURE Iʳᵉ.

Nouveau battoir.

aa. Les deux pieds du bâti du battoir.

bb. cc. Traverses à double assemblage qui sont assemblées dans les deux pieds aa.

dddd. Deux cames cycloydales destinées à donner le mouvement aux deux arbres à baguettes hh; ces cames sont fixées sur un arbre en fer, l'une en dehors et l'autre en dedans du bâtis.

e. Double poulie ou poulie à double gorge dont l'une est fixe et l'autre est mobile; elle est destinée à recevoir la courroie.

ff. Deux leviers recevant les équations des cames dddd, à l'effet de faire monter les arbres à bag.

gg. Leviers ou quarts de cercle combinées avec les cames de manière à faire monter les baguettes verticalement.

hh. Axes ou arbres placés de chaque côté du chassis et armés de baguettes.

ii. écrous qui tiennent le bâtis.

k. Double poulie ou poulie à deux gorges pour recevoir la courroie xx. Une des gorges est fixée en dehors du bâti et l'autre en dedans. Toutes deux agissent en sens inverse.

ll. Deux planches servant de fermeture ; par le mouvement de la machine, elles sont disposées de manière à ce que les déchets qui passent à travers la claie tombent de suite par terre.

m. Levier solidement fixé au milieu de chaque arbre à baguettes.

n. Liteaux fixés de chaque côté des arbres m à l'effet de maintenir les leviers p dans leur course.

oo. Gallets qui servent à rendre la claie mobile et qui tournent sur les deux petites languettes en fer ss.

p. Leviers qui font agir les arbres à baguettes.

q. Petit liteau qui maintient, dans leur écartement, les deux leviers ff.

RR. Baguettes.

ss. Deux petites languettes en fer sur lesquelles roulent les gallets.

tt. Planches ou liteaux fixés de chaque côté du chassis à l'effet d'empêcher la chute du coton. Il y a des ouvertures pour le passage des baguettes.

u. Chassis rectangulaire ou claie élastique sur lequel on jette le coton pour être battu.

VV. Coussinets des arbres hh disposés de manière à monter ou descendre suivant les espèces de coton.

xx. Courroie solidement fixée aux leviers ff. gg.

FIGURE II.

Nouveau battoir.

aa. Les deux pieds du battoir.
bbbb. Autres traverses du battoir.
AA. Corde tendue produisant l'effet du ressort.

(294)

B. Traverse placée à l'extrémité de la machine et portant l'arbre des cames.

ddd. Deux cames servant à faire tourner les deux arbres à baguettes hh.

ee. Poulies à deux gorges l'une fixe et l'autre mobile, laquelle est destinée à faire tourner la machine au moyen d'une courroie sans fin.

FF. Leviers sur lesquels la courroie est fixée.

gg. Leviers combinés avec les cames afin de faire monter verticalement les arbres à baguettes hh.

h. Arbre armé de ses baguettes.

ii. Ecrous pour tendre la corde.

I. Bascule.

K. Poulie destinée à recevoir les courroies xx de la figure Ire.

m. Levier solidement fixé sur l'arbre h.

nn. Liteaux placés de chaque côté des arbres pour maintenir le lévier p dans leur course.

pp. Leviers qui font mouvoir les arbres à baguettes.

RR. Baguettes.

t. Planche ou liteau servant de fermeture.

vv. Coussinets des arbres hh.

yy. Boulons en fer surmontés à l'une de leur extrémité d'un demi cercle lequel porte deux ouvertures pour le passage de la corde.

Au moyen de cette disposition il sera facile d'apercevoir que l'arbre monté de deux cames tournantes pour l'ascension des arbres à baguettes, d'une bascule simple pour faire marcher la claie à droite et d'une bascule brisée pour le mouvement de gauche, les deux arbres à baguettes, placés de chaque côté du chassis, sont forcés de faire alternativement un quart de révolution. Ce mouvement relève les baguettes, les place verticalement, et par l'effet du ressort AA, elles retombent ensuite avec vitesse. Cet effet du ressort force les axes à tourner en sens contraire pour reprendre leur première position. Ainsi dans le même instant que les baguettes frappent sur la claie, cette claie marche vers le côté opposé à l'arbre qui vient de descendre.

PLANCHE DEUXIÈME.

Plan du Battoir connue sous le nom de Dickson.

FIGURE Iere.

A. arbre moteur.

BB. Poulies motrices.

c. grande poulie.

D. Poulie fixée à l'arbre du volant; elle reçoit son mouvement de la grande poulie c.

E. Autre poulie fixée sur le même volant; elle donne le mouvement à la poulie f fixée sur l'arbre du second volant.

f. Poulie fixée sur l'arbre du second volant.

GG. Bâti en fonte de fer du battoir.

hh. chassis en fer fixés sur l'arbre et formant volant.

JJJJJJJ. Rouleaux qui font marcher les toiles sans fin.

K. Grille en fil de fer.

L. Arbre en fer, portant à l'une de ses extrémités une roue d'engrenage 1 qui reçoit son mouvement de l'arbre A. A l'autre extrémité sont fixées les deux poulies m n, qui servent à donner le mouvement aux poulies R q fixées à l'extrémité des cylindres alimentaires oo.

l. Roue d'engrenage qui communique le mouvement aux baguettes.

m. Poulie fixée à l'arbre L.

n. Autre poulie fixée au même arbre.

oo. Cylindres cannelés ou alimentaires.

pp. Pignons fixés à l'extrémité des cylindres; ils communiquent le mouvement aux rouleaux J.

q. Poulie qui reçoit son mouvement de la petite poulie n.

R. Poulie qui reçoit son mouvement de la petite poulie m.

ss. Arbres des volans.

TT. Petites grilles circulaires fixées sous chaque volant.

u. Toile sans fin.

VVV. Poulies fixées à l'axe des rouleaux J.

x. Tringle en fer qui sert à conduire la courroie sur les deux poulies motrices.

Y. Tringle placée à l'extrémité du pignon de l'arbre A; elle donne le mouvement de va et vient à deux baguettes.

zz. Poulies fixées aux cylindres alimentaires oo; elles donnent le mouvement aux rouleaux J des toiles sans fin.

PLANCHE TROISIÈME.

FIGURE II.

Élévation du Battoir.

a. Poulie motrice.

b. Poids fixé à l'extrémité de la romaine.

c. Grande poulie.

dd. Fermetures du battoir.

ggg. Pieds du bâti en fonte de fer.

hh. Arbres des volans.

J. Rouleau de la toile sans fin.

n. Poulie fixée devant l'engrenage.

q. Poulie qui reçoit le mouvement de la poulie n.

r. Autre poulie.

u. Toile sans fin.

vvv. Poulies des rouleaux J.

x. Tringle en fer.

y. Autre tringle en fer.

PLANCHE QUATRIÈME.

FIGURE Ire.

Élévation latérale de la carde.

AA. Pieds de la carde.

B. Traverse qui reçoit en partie tous les mouvemens de la carde.

c. Traverse du bas.

dd. montans de la carde.

E. Aîle qui reçoit et qui porte les chapeaux.

F. Coulisse destinée à éloigner ou à rapprocher le tambour délivrant.

G. Autre coulisse servant à régler les cylindres alimentaires.

hh. Gros tambour.

i. support en fonte de fer garni de cuivre pour le gros tambour.

K. Tambour délivrant.

L. Tambour à nappe.

M. Coulisse en fonte portant le tambour à nappe et serrant le rouleau n.

n. Rouleau pressant sur la nappe.

o. Tringle en fer taraudée par un bout et percée en deux endroits, afin d'éloigner ou de rapprocher la coulisse F et le tambour K.

P. Support en fonte disposé pour recevoir le rouleau à nappe ; il est surmonté d'une tige ou broche z laquelle maintient le chapeau qui couvre les cylindres alimentaires.

q. Poids fixé à l'extrémité d'un levier destiné à presser les cylindres alimentaires.

r. Coulisse en fonte, qui sert à monter et à descendre la roue intermédiaire n° 6.

s. Coulisse qui sert à monter et à descendre la roue intermédiaire n.º 7.

t. Coulisse portant la roue n° 3.

u. Support de la tringle o.

vvv. Chapeaux.

x. Vis d'appel pour régler les cylindres alimentaires.

y. Levier qui presse les cylindres alimentaires.

Z. Tige maintenant le chapeau qui couvre les cylindres alimentaires.

N° 1. Grande roue fixée à l'axe des cylindres alimentaires.

N° 2. Pignon fixé sur la roue n° 3.

N° 3. Grande roue intermédiaire.

N° 4. Pignon fixé à l'axe du gros tambour et donnant alternativement le mouvement à droite et à gauche.

N° 5. Pignon fixé sur la roue n° 6.

N° 6. Petite roue qui reçoit le mouvement du pignon n° 4.

N° 7. Roue intermédiaire qui communique le mouvement à la roue n° 8.

N° 8. Grande roue fixée à l'axe du tambour délivrant.

Dans cette disposition le pignon n° 4 imprime le mouvement à la petite roue n° 6. Le pignon n° 5 fixé sur cette roue donne le mouvement à la roue n° 7, et celle-ci à la grande roue n° 8.

Le pignon n° 4 communique le mouvement à la grande roue n° 3. Le pignon n° 2 fixé sur cette roue donne le mouvement à la roue n° 1.

FIGURE II.

Carde vue par devant.

AA. Pieds de la carde.

BB. Traverses latérales.
cc. Traverses du bas.
dd. Montants.
EE. Ailes portant le supports des chapeaux.
FF. Coulisses du petit tambour.
K. Tambour délivrant ou petit tambour.
L. Tambour à nappe.
MM. Coulisses du tambour à nappe.
n. Rouleau pressant sur la nappe.
oo. Tringles en fer.
uu. Support des tringles oo.
vvvvv. Chapeaux.
X. Poulie fixée au tambour délivrant ; elle donne le mouvement à la poulie du tambour à nappe.
3. Grande roue intermédiaire.
4. Pignon du gros tambour.
8. Grande roue du tambour délivrant.

PLANCHE V.

A. Traverse portant les mouvemens d'engrenage.
BB. Pieds de la carde.
CC. Traverse.
D. Gros tambour de la carde.
EEE. Aile de la carde portant les chapeaux.
F. Poulie fixée à l'extrémité du cylindre.
G. Roue fixée à l'axe du tambour délivrant ou petit tambour.
H. Petite poulie fixée sur la roue G, et servant à donner le mouvement à la poulie F.
I. Tambour à nappe.
K. Coulisse en fonte de fer portant le tambour à nappe I et le petit rouleau L.
L. Rouleau.
M. Coulisse servant à régler le peigne P.

N. Vis de rappel.

o. Tambour délivrant.

O. Fermeture ou couverture de la carde.

P. Peigne.

Q. Roue intermédiaire recevant son mouvement du pignon V, et communiquant son mouvement à la roue G.

R. Autre roue recevant son mouvement du pignon moteur S fixé à l'axe du gros tambour.

S. Pignon moteur.

T. Support.

U. Courroie.

V. Pignon fixé sur la roue R.

X. Coulisse de la roue R.

Y. Autre coulisse de la roue intermédiaire Q.

Z. Coulisse en bois servant à régler les cylindres alimentaires.

1. Deux boulons servant à maintenir les ailes EEE.

2. Autre boulon maintenant la coulisse Z sur la traverse A.

3. Autre coulisse portant le tambour délivrant o.

4. Broche servant à maintenir les chapeaux.

5. Autre broche taraudée dans toute sa longueur, pour l'éguisage du gros tambour.

6. Boite à nappe.

PLANCHE VI.

Étirage.

A. Chapeau en bois recouver de drap en dessous.

B. Rouleau de pression.

C. Cylindre en fer.

D. Brosse.

E. F. Rouleaux d'étirage.

G. Coulisse en fer qui soutient le porte-brosse.

I. Tirant de pression.
J. Poulie fixée sur le cylindre.
K. Poulie fole ou mobile.
HH. Supports en fonte de fer.
L. Coulisse qui maintient le cylindre de devant.
M. Entonnoirs ou fourchettes.
N. Porte-fourchette.
P. Supports de tête de cheval.
QQ. Coulisses fixées sur les deux supports HH.
RR. Poids de deux livres.
SS. Pitons et leviers de quinze pouces de longueur.
T. Sellette en cuivre.

ENGRENAGE.

No 1. Roue de quarante et une dents.
No 2. Deux pignons de dix-sept dents.
No 3. Roue de quatre-vingt dents
No 4. Roue de cinquante dents.
No 5. Roue de quarante et une dents.
N° 6. Pignon de vingt-cinq dents.
No 7. Autre roue de quarante et une dents.
No 8. Autre pignon de vingt-cinq dents.

PLANCHE VII.

Lanternes.

A. Chapeau.
B. Rouleau de pression.
C. Cylindre cannelé.
D. Brosse et porte-brosse.
E. Coulisse soutenant le porte-brosse D.
FF. Coulisses en cuivre fixées sur les deux supports en fonte de fer GG.
GG. Supports en fonte de fer.

H. Sellette en cuivre.

I. Tirant de pression.

J. Poulie fixée sur le cylindre de devant.

K. Poulie sole ou mobile dite poulie de repos.

L. Coulisse qui maintient le cylindre de devant.

MM. Supports de tête de cheval.

NN. Membrures de six pouces de largeur sur deux pouces neuf lignes d'épaisseur.

O. Planche servant de bride ou collet aux lanternes.

PPP. Lanternes en métal, de la circonférence d'un pied sept pouces trois lignes en bas et d'un pied deux pouces six lignes à la sommité ; de deux pieds deux pouces de hauteur y compris l'entonnoir et le pivot.

QQQ. Poulies à trois gorges fixées à la partie inférieure des lanternes.

RR. Poids de deux livres.

SS. Leviers de quinze pouces de longueur.

TT. Poulies.

UUU. Supports à coulisse en fonte de fer qui maintiennent les poulies TT.

VV. Chevrons de trois pouces six lignes quarrés.

X. Fourchette en cuivre montée sur une tringle en fer, et disposée pour conduire les rubans sur les tablettes des cylindres cannelés.

Engrenage.

N° 1. Roue de quarante et une dents.

N° 2. Pignons de dix-huit dents.

N° 3. Roue de quarante et une dents.

N° 4. Pignon de vingt-cinq dents.

N° 5. Autre pignon de vingt-cinq dents.

N° 6. Roue de cinquante dents.

PLANCHE VIII.

Bobinoir.

aa. Porte-cylindre.

bb. Montants du bobinoir.

cc. Petites traverses qui maintiennent les pieds.

dd. Traverse supportant le chassis des broches.

eeee. Chassis des broches.

ffff. Broches.

g. Tambour recevant le mouvement de la roue h fixée sur les cylindres.

h. Roue fixée aux cylindres de devant.

i. Arbre du tambour.

k. Corde sans fin laquelle reçoit le mouvement de la roue h, et le communique au tambour g.

llll. Noix en forme de pommes de pin.

mmmm. Crapaudines.

nnnn. Bobines portant deux embases.

oooo. Ailetes.

pp. Brides.

qq. Sellettes.

rr. Supports des cylindres.

sss. Cylindres portant quatre tablettes.

tttt. Rouleaux de pression portant chacun deux tablettes.

uuuu. Rouleaux de propreté.

v. Coulisse servant à maintenir le cylindre.

x. Poulie à grain d'orge.

y. Arbre qui reçoit son mouvement du moteur.

zz. Volant fixé sur l'arbre.

No 1. Poulie fixée sur l'arbre, et qui sert à communiquer le mouvement à la poulie no 2.

No 2. Poulie du haut.

No 3. Arbre en fer.

No 4. Poulie fixée sur l'arbre qui donne le mouvement à la poulie x.

No 5. Poulie de tension.

PLANCHE IX.

FIGURE I.

Mouvement de double vitesse.

AA. Barres du métier.

a. Roue fixée sur l'arbre de la poulie de main douce.

B. Main.

b. Cylindre.

    Courroie.

C. Pivot de la main B.

D. Mentonnet.

E. Bascule.

F. Autre bascule portée par la main B.

ff. Poulies fixes.

G. Autre mentonnet.

H. Autre main.

I. Virgule de l'arbre de couche du compteur.

i. Petit pignon placé immédiatement après la roue q.

J. Autre virgule.

K. Pignon.

L. Poids.

l. Autre courroie de la main H.

M. Autre poids.

N. Poulie montée sur l'arbre de la manivelle.

n. Poulie communiquant le mouvement au pignon K.

O, Morceau de fer qui porte les deux arrêts des queux des mains B et H.

P, Bascule ou épée.

l P. Roues coniques.

Q. Pivot de la bascule.

q. Autre roue conique fixée au premier cylindre.

RR. Poulies dē repos.

r. Roue conique fixée sur l'arbre à manivelle.

SS. Tringle formant le triangle X.

s. Arbre de couche.

T. D tente.

U. Axe dela détente.

V. Tringle.

X. Triangle.

Y. Compteur ou vis sans fin.

FIGURE II.

a. Roue engrenant dans le pignon i.

c. Balancier.

d. Pivot de la bascule.

e. Extrémité du balancier.

g. Pivot.

h. Coulisse.

j. Poulie sur laquelle passe la corde de la main douce dont la seule tension fait faire le dégrènement, lorsque la première détente opère.

s. Support du balancier.

FIGURE III.

k. Pignon.
n. Poulie.

Mouvement de double vitesse représenté au repos.

Pour faire marcher le métier, on pousse la barre **A** de gauche à droite ; la main **B** sur son pivot **C**, vient s'accro cher au mentonnet D, de la bascule E. La bascule F qui est portée par la main B, vient s'accrocher au mentonnet G, sans que la main H bouge.

Par ce mouvement, la courroie △ passe de la poulie de repos sur la poulie fixe; en supposant que le tirage du charriot se fasse en vingt tours de roue; la virgule I de l'arbre de couche du compteur lève la bascule E; la main B revient sur la poulie de repos, et l'autre main H qui est accrochée en G à la bascule F, laquelle est portée par cette main B, ramène la main H avec elle, et par ce mouvement fait passer la courroie I de la poulie de repos sur la poulie fixe, en même temps que la courroie — passe de la poulie fixe sur la poulie de repos; ce qui forme la double vitesse.

Lorsque dix tours de tors sont donnés, la virgule J, lève la bascule F et la main H revient par le tirage du poids L sur la poulie de repos; dès lors le métier est arrêté. Il faut en conséquence que le poids L qui tire en M, et que la main B soient triples en poids. Il faut également que le poids L, tire en M la main H, attendu qu'il ramène les mentonnets D et G; les deux bascules sont figurées sur le côté, mais elles doivent être par dessous. O est un peu de fer qui porte les deux arrêts des queux des mains B et H.

Mouvement du Schrone.

(Le plan représentant le métier ouvert).

En fermant le métier, on pousse l'épée en P étant fixe en Q. Le triangle S se trouve tiré pour accrocher en T de la détente U. Ce triangle S entraîne l'autre triangle V et X. Par ce mouvement la roue a engrainé dans le pignon du cannelé b, par l'effet que le triangle S entraine le balancier c qui pivote en d. L'extrémité e du balancier c entraine le support f de la roue a; ce support basculant en g, l'extrémité h pousse cette roue a sur le pignon i, ce qui donne le mouvement à la poulie J sur laquelle passe la corde de la main douce dont la tension seule fait faire le dégrainement lorsque la première détente opère. Dégrenant du pignon i, la roue a engraine dans le pignon k ; ce pignon reçoit son mouvement par une courroie passant sur une petite poulie montée sur l'arbre de la manivelle.

Le charriot parvenu au bout du longement ayant fait décrocher le triangle V , la tension de la courroie fait faire le dégrenement du pignon k de la roue a.

PLANCHE X.

Pièces détachées.

AAA. Bouts de cylindres de diamètres différents.

BBB. Ouvertures ou cannelures pratiquées dans les cylindres.

C. Broche en fin.

D. Broche en gros.

E. Fuseau.

TABLE

DES CHAPITRES.

TABLE ANALYTIQUE.

DES MATIÈRES.

C

Q

ERRATA.

P. 14, ligne 10,   organdiser les soies, *lisez* organsiner les soies.

P. 40, ligne 13,   souvet, *lisez* souvent.

P. 87, ligne 8 et 9, marquesauquel, *lisez* marques aux quelles.

P. 116,   section III, *lisez* section II.

P. 129, ligne 15,   les chapeaux le peigne *lisez* les chapeaux, le peigne.

P. 134, ligne 13,   lorsque le cylindre est autrement couvert, *lisez* entièrement couvert.

P. 146, ligne 6,   Symrne, *lisez* Smyrne.

P. 149, ligne 14,   *supprimez*, dite roue à engrenage.

P. 156, ligne 24,   assuéjtis, *lisez* assujétis.

P. 178, ligne 10,   filiage, *lisez* filage.

P. 205, ligne 10,   M. Philippe Revel, *lisez* Revenel.

P. 210, ligne 18,   de longueur, *lisez* de la longueur.

P. 215, ligne 11,   longeur, *lisez* longueur.

P. 236, ligne 27,   différens *lisez* différent.

P. 267,   l'imprimeur s'est trompé; il a mis 267 au lieu de 257 et a suivi la pagination.

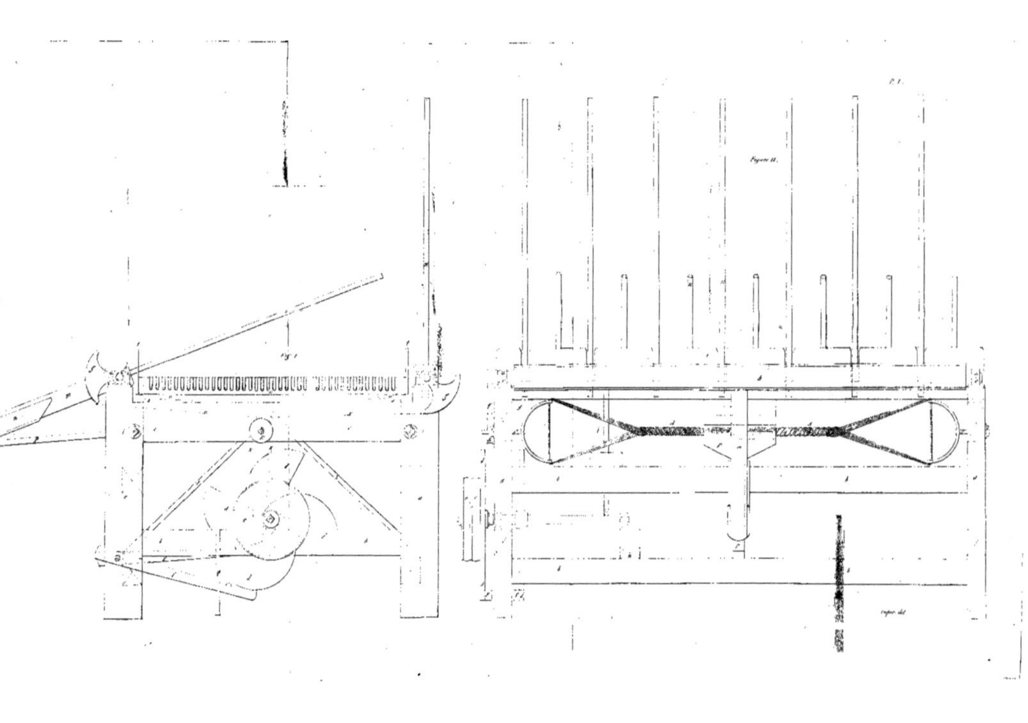

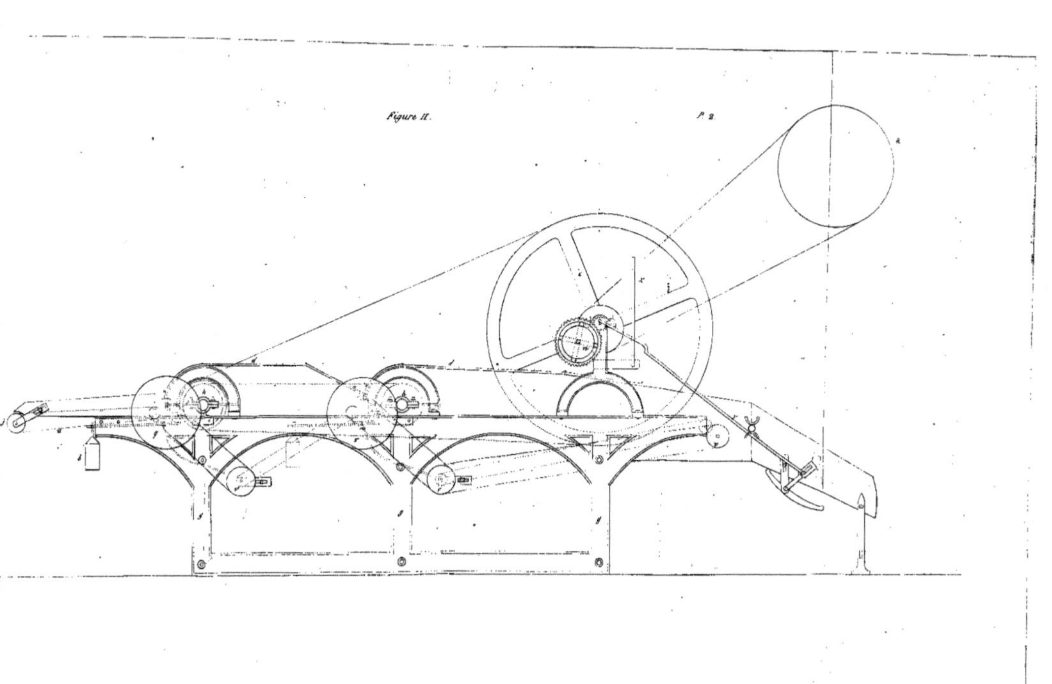

Figure II.
P. 2.

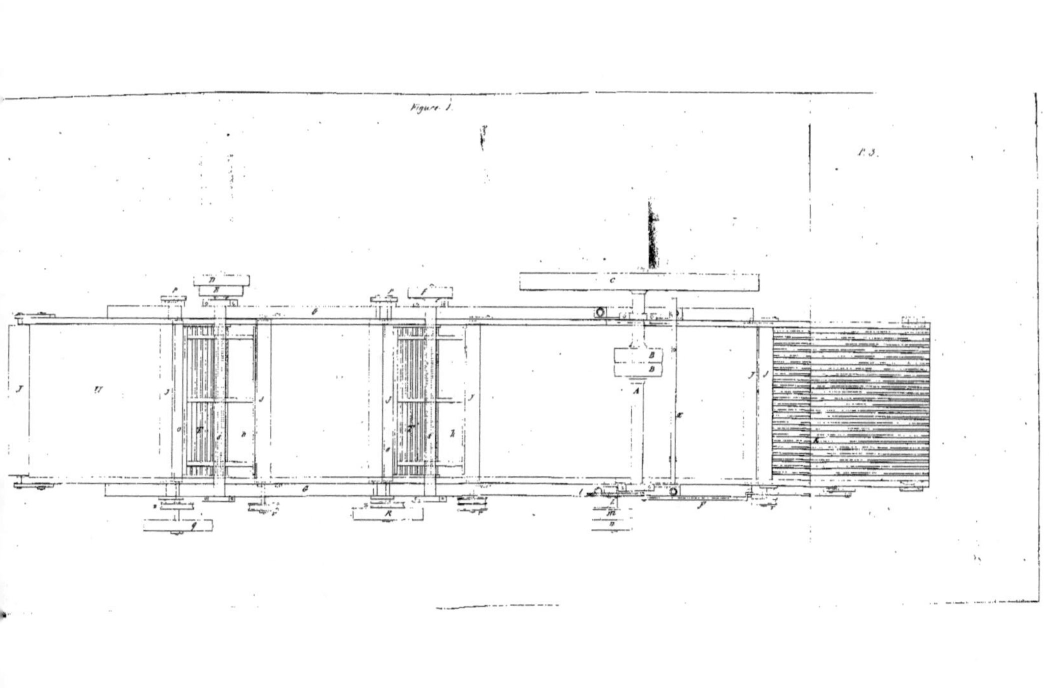

Figure 1.
P. 3.

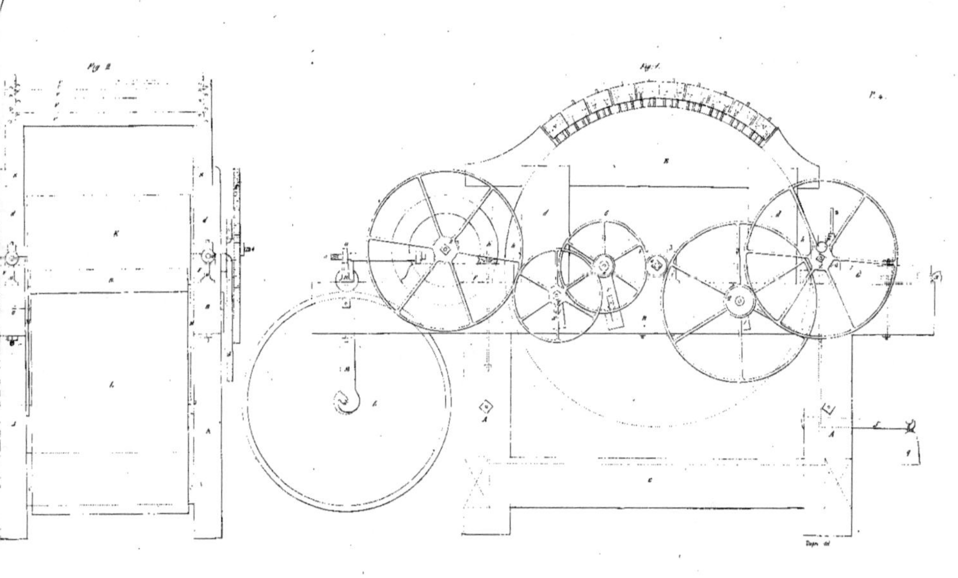

Fig. 2
Fig. 1

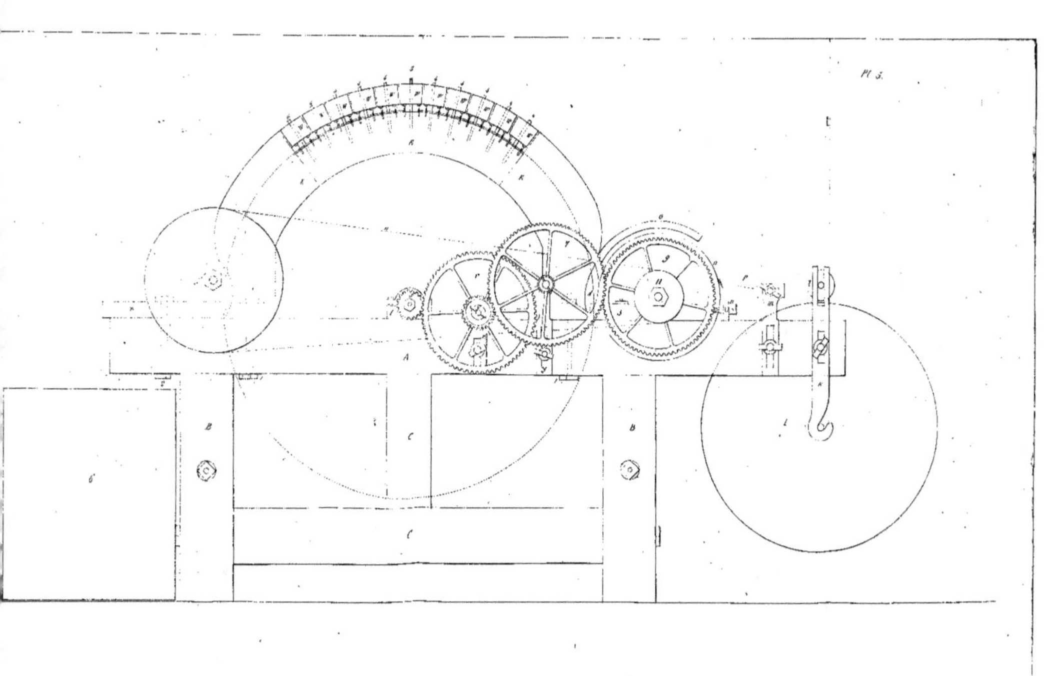

Pl. 5.

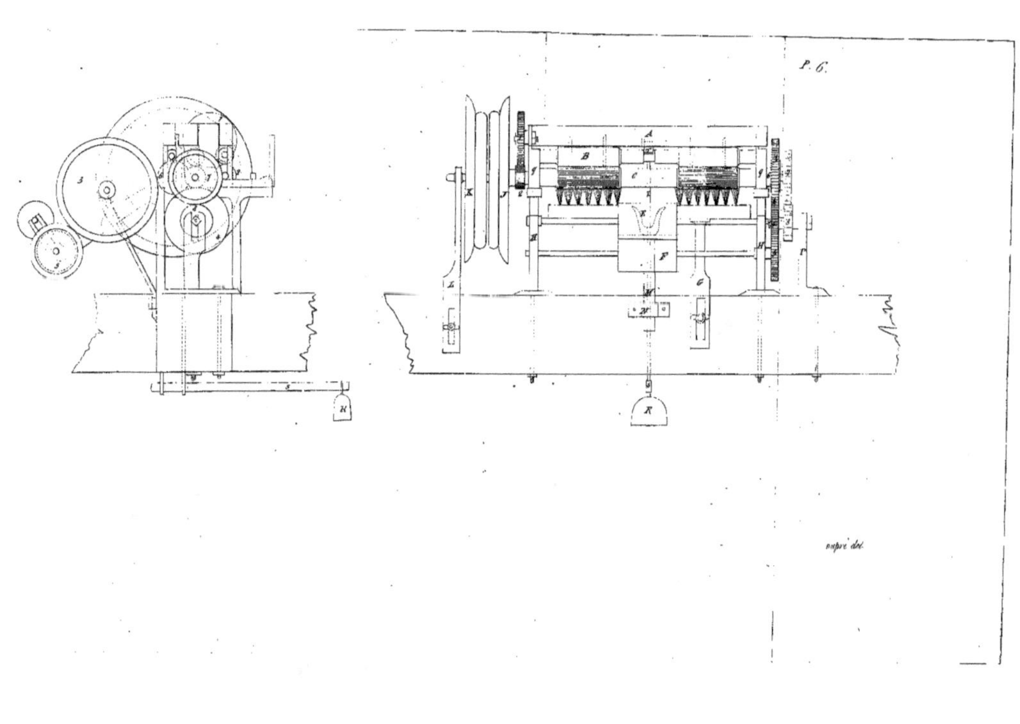

P. 6.

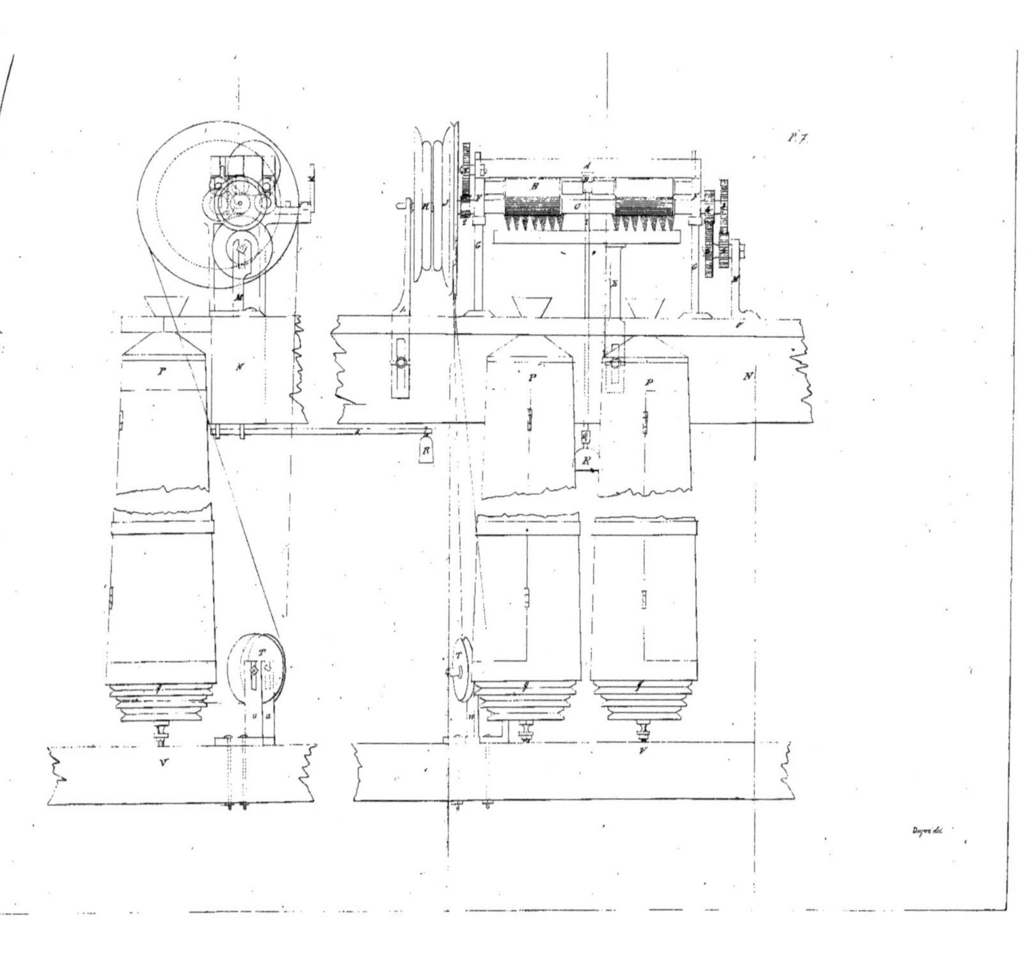

Pl. 7.
Dupre del.

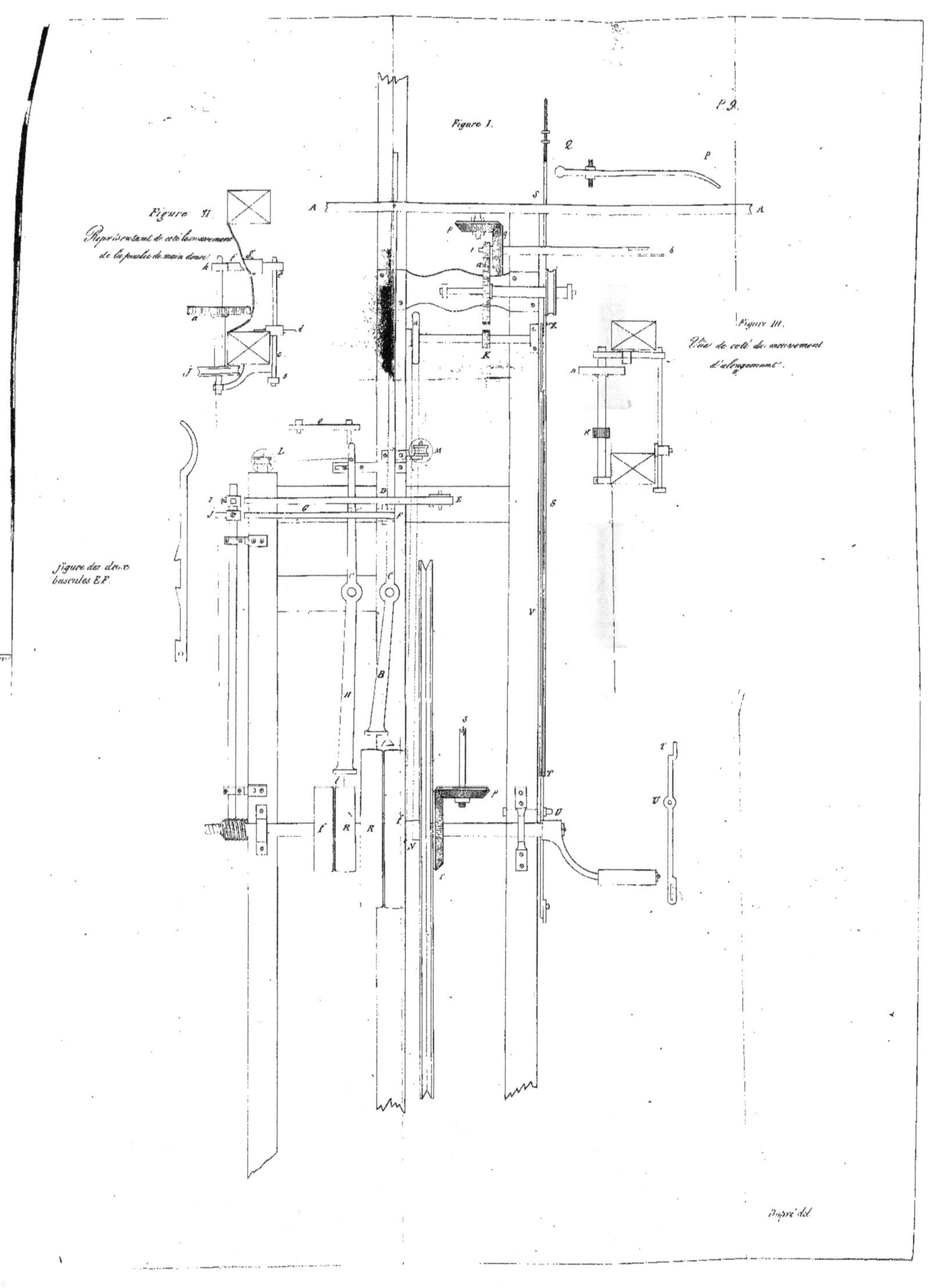

P. 9.
Figure I.
Figure II.
Représentant de côté le mouvement
de la poulie de main droite.
Figure III.
Vûe de côté du mouvement
d'alongement.
figure des deux
bascules E F.
Dupré del.

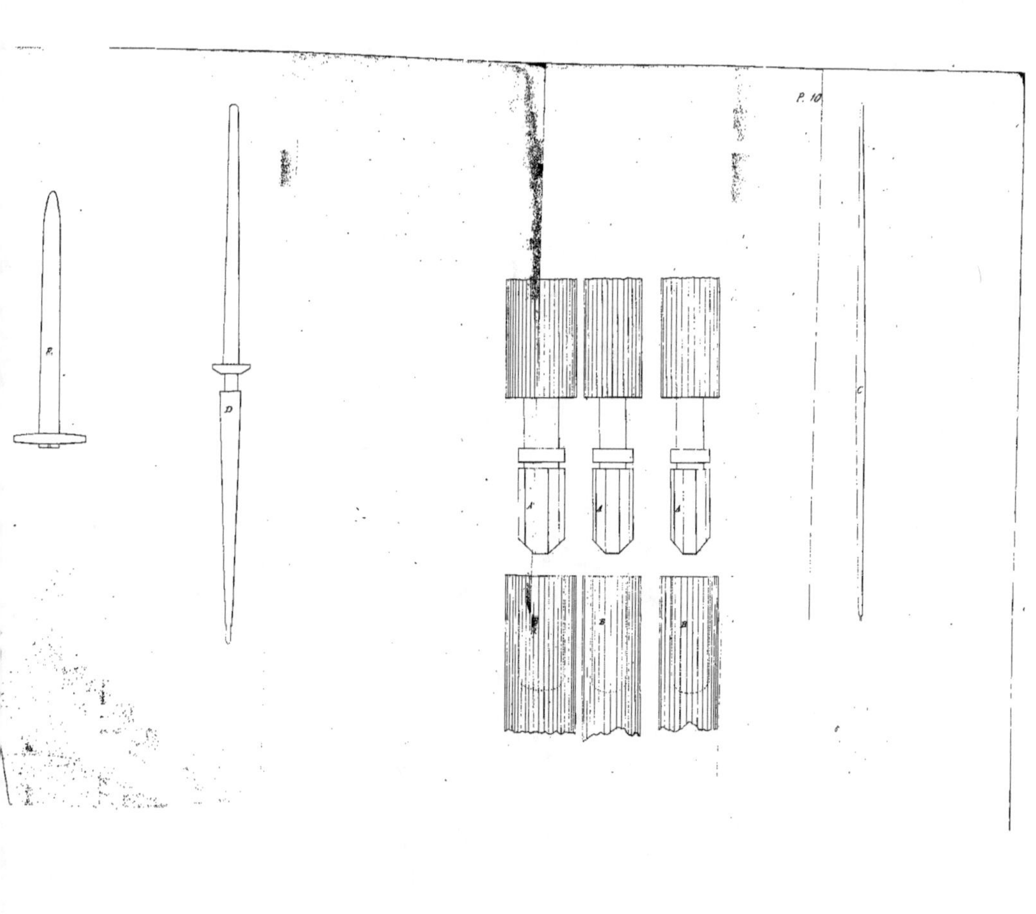
P. 10
E.
D
A
A
A
B
B
C